KB001124

영화 춘향전과 한옥

* 이 도서의 국립중앙도서관 출판예정도서목록(CIP)은 서지정보유통지원시스템
홈페이지(http://seoji.nl.go.kr)와 국가자료공동목록시스템(http://www.nl.go.kr/kolisnet)에서
이용하실 수 있습니다. (CIP제어번호: CIP2020045717)

4 국학진흥원 교양학술 총서
고전에서 오늘의 답을 찾다

영화 춘향전과 한옥

한국국학진흥원 연구사업팀 기획 | **김민옥 조관연** 지음

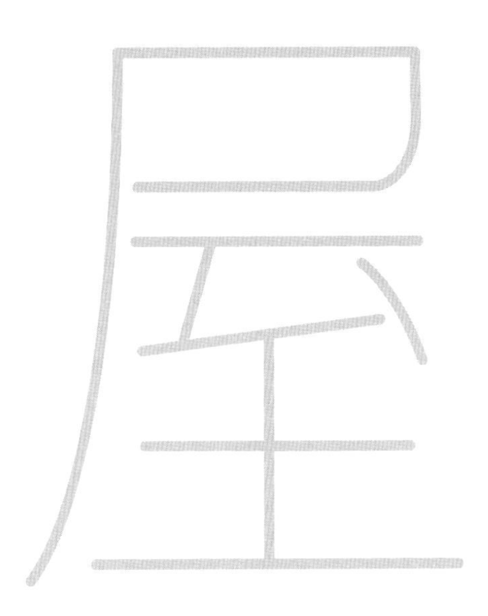

은행나무

| **일러두기** |

* 춘향전은 소설, 영화, 연극, 판소리 등 다양한 방식으로 전해지고 있다. 춘향전 이야기를 통칭할 경우에는 '', 소설일 경우에는 『』, 영화일 경우에는 「」, 판소리일 경우에는 「춘향가」로 표기했다.

차 례

한국 전통문화에서 한옥은 남다른 의미를 갖는다. 박지원은 벽돌과 가벼운 기와로 만들어진 만주 지방의 가옥들을 보고는 『열하일기』에서 조선 한옥의 문제점을 비판했다. 당시 조선 사람은 만주 사람을 오랑캐로 취급해서 무시했고, 그들의 가옥도 평가절하했다. 하지만 박지원은 조선 사람들도 만주족처럼 벽돌과 기와로 집을 지으면 물도 새지 않고, 뱀과 쥐도 드나들지 못할 것이라고 주장했다. 1960년대 한국 농촌에는 초가집들이 적지 않았다. 대개 볏짚으로 지붕을 인 초가집은 손이 많이 갔다. 매년 지붕을 다시 손봐야 했으며, 여름철에는 벌레가 생기고, 화재에도 매우 취약했다. 박정희 정권은 '조국 근대화' 사업의 하나로, 양철이나 슬레이트로 초가지붕을 교체하는 사업을 대대적으로 펼쳤다. 양철이나 슬레이트는 볏집으로 이은 초가지붕보다 가벼웠고, 벌레나 냄새도 없었고, 매년 지붕을 덧이어줄 필요가 없는 등 장점이 컸지만, 단열과 보온성과 소음 면에서는 단점이 많았다. 당시 기와집에 산다는 것은 부의 상징이었다. 그 시절 초등학교에서 가정 형편을 조사할 때 '기와집'과 '초가집'은 중요한 기준이었다. 오죽했으면 북한의 김일성 정권은 인민에게 혁명 이후 펼쳐질 멋진 조국의 모습으로 "이밥에 고깃국 먹고 기와집에 사는 것"을 제시했을까?

사람들은 석유나 연탄을 사용하기 전 땔감을 주로 산에서 조달했다. 취사와 난방을 위해 막대한 양의 땔감이 필요했고, 이 때문에 산의 나무는 무분별하게 남벌되어 산들은 대부분 민둥산이 되었다. 기와를 굽기 위해서는 많은 땔감이 필요한데, 당장 취사를 위해 필요한 땔감도 부족한 상황에서 기와를 굽는 데 이를 사용하기란 쉽지 않았다. 당시 소득 수준에 비해 기와는 상당히 비쌌다. 한옥을 지으려면 목재도 많이 필요하다. 왕궁을 짓기 위해서는 특정 지역에서 최고급 목재를 쉽게 조달할 수 있었지만, 서민은 꿈도 꿀 수 없었다. 사람은 누구나 크고 화려하고 멋진 집에서 살고 싶어 한다. 이런 집은 쾌적하고 안락한 삶을 위한 좋은 조건이지만, 집에는 또 다른 문화적 함의도 있다.

집은 자신이나 가문의 위세와 권위 또는 정체성을 보여준다. 현재 안동에 남아 있는 몇몇 한옥들은 몇 대에 걸쳐 고가의 목재를 수집해서 지었다. 예전에는 좋은 건축용 나무만을 전국적으로 유통하는 중개인도 있었다. 부유한 사람들은 어디서 좋은 나무가 나왔다는 이야기를 들으면 나중에 지을 건물을 대비해 사재기도 했다. 나무에는 각기 독특한 색과 무늬와 강도가 있는데, 귀중한 집을 지으면서 제각기 다른 문양과 색을 가진 목재를 사용할 수는 없는 일이다. 아무튼 전통 사회에서 집을 짓는다는 것은 죽는 것에 버금가는 큰 사건이었다. 집을 짓기 위해서는 막대한 재원뿐 아니라 마을이나 친족 공동체의 도움이 절대적으로 필요했다. 하찮은 초가지붕조차도 매년 수리하기 위해 마을 사람들의 품앗이가 필요했고, 이때 소규모 잔치가 벌어졌다. 누구나 거대한 자연의 힘 앞에 홀로 생존할 수 없는 환경에서 이런 품앗이는 공동체 형성과 유지, 강화에 중요한 역할을 했다.

하지만 오늘날 집에 대한 현대인의 생각과 가치는 상당히 달라졌다. 대다수 사람은 도시의 공동주택에서 살고 있다. 그중 몇몇 사람들은 전통 한옥에 대한 향수를 품으며 살고, 한옥으로 이사를 하거나 자신의 뜻대로 개량된 한옥을 짓기도 한다. 이들이 한옥에서 사는 이유는 일차적으로는 한옥이라는 집이 좋아서이지만, 그 안에서의 삶의 양식도 버금가게 중요하다. 한옥에 사는 사람들 중 상당수는 아파트로 대변되는 공동주택에서 누에고치처럼 살아가는 삶을 좋아하지 않는다. 유지하기는 힘들어도, 작은 마당이 있고 좀 더 여유롭고 사적인 삶을 살 수 있는 한옥이 좋은 것이다. 실제로 이들이 꾸민 한옥 내부를 보면 아파트와는 상당히 다르다. 공간의 구성과 활용, 가재도구, 의상뿐 아니라 이들의 삶에 대한 태도, 가치, 행동에서 적지 않은 차이를 보인다. 이들이 사는 모습을 일반화하기는 힘들지만, 어떤 공통점이나 지향점이 있다. 우리가 어떤 집에 산다는 것 또는 특정 형태의 집에 대한 욕망은 집에 대한 집착에서만 만들어지지 않는다. 따라서 한옥을 이해할 때 우리의 시선을 건물 자체와 물성materiality에만 고정하면 집에 대해 단편적인 이해만 하게 된다. 집 자체의 물성은 우리 자신을 상당 부분 구성하지만, 우리의 가치와 행동은 집을 다시 재구성하기 때문이다. 이와 같은 집의 물성과 욕망 사이의 상호작용은 시대에 따라 다르며, 사람마다 차이가 있다.

이 책은 한옥의 영화 속 재현을 통해 한옥의 물성과 이에 대한 욕망을 종합적으로 살펴보고자 한다. 영화는 초창기부터 사람들의 욕망을 상당히 충실하게 반영하는 매체다. 대규모 자본과 기술과 인력이 투자된 상품이기 때문에 제작자가 시장에서 대중의 기대와 욕망에 부응하지 못한다면 경제적 파국을 맞을 수도 있다. 따라서 영화는 상당히 민감하게 대중의 가치와 욕망을 추적하고 반영하는데, 이는 역사물에서도 잘 드러난다. 사극 영화는 특정 사람이나 사건을 많이 다루는데, 시대별로 내용이나 해석에서 차이가 난다. 한국인이라면 누구나 『춘향전』을 들어보았고, 내용도 대충 알고 있다. 대표적인 고전 작품이자, 국민문학인 『춘향전』은 고전 작품 중에서 가장 많이 영화화되었으며, 한국 영화 발달사에서 중요한 역할을 했다.

'춘향전' 이야기는 18세기 어느 누군가에 의해 만들어진 것으로 추정되는데, 구체적인 사실에 대해서는 다수의 이견이 존재한다. 『춘향전』 이본도 120여 종이나 있는데, 대체적인 이야기 구조와 내용은 대동소이하다. 다음 표는 『춘향전』에 관한 영화들로 시대별로 정리한 것이다.

no	제작 년도	영화 제목	영화 감독	시간/ 장르	비고
1	1922				연극의 일부로 상영
2	1923	춘향전	하야가와 고슈		연극의 일부로 상영 (연쇄극 형태)
3	1935	춘향전	이명우		음악-홍난파 (최초 발성영화)
4	1936	그 후의 이 도령	이규환		
5	1955	춘향전	이규환		
6	1956	Spring Fragrance: 테드 코넌트 필름 컬렉션	테드 코넌트	9분 / 단편 애니	김영우 화백 그림
7	1957	대춘향전	김향		창극
8	1958	춘향전	안종화		
9	1959	탈선 춘향전	이경춘		희극
10	1959	춘향전	윤룡규		북한 제작
11	1961	춘향전	홍성기	110분 / 사극, 멜로	신상옥(1961)과 라이벌

12	1961	성춘향 / 성춘향(청불)	신상옥	119분 / 90분 / 사극, 멜로	홍성기(1961)와 라이벌
13	1963	한양에 온 성춘향	이동훈		이몽룡-성춘향 부부와 변학도 재대결
14	1968	춘향 / 춘향(청불)	김수용	130분 / 90분/사극	
15	1971	춘향전	이성구		이어령 각본
16	1972	방자와 향단이	이형표		현대극 형태
17	1976	성춘향전	박태원		장미희-이덕화 주연
18	1980	춘향전	유원준		북한 제작
19	1984	사랑, 사랑, 내 사랑	신상옥		북한 제작
20	1987	성춘향	한상훈		현대적 감각
21	1999	춘향전	Andy Kim	75분 / 장편 애니	
22	2000	춘향뎐	임권택	136분 / 사극	「춘향전」'완판본' 원안
23	2010	방자전	김대우	124분 / 사극	
-	1941	반도의 봄	이병일	84분 / 드라마	「춘향전」의 제작 과정을 담은 영화감독 이야기

영화는 사회의 가치와 욕망을 반영하는 중요한 창이다. 그러므로 '춘향전'을 소재로 만든 영화를 통해 한옥에 대한 현대인의 표상과 함의를 살펴보는 작업은 의미 있을 것이다.

문학작품이나 판소리 등에는 춘향이 살던 집에 대한 정확한 묘사가 없으므로, 영화로 제작하기 위해서는 한옥을 자세히 재구성해야 한다. 이때 감독을 비롯한 제작자의 의도 그리고 관객의 기대와 욕망이 개입할 여지가 생긴다. 춘향이 살던 집을 기와집으로 설정하느냐, 초가집으로 설정하느냐, 그 안의 가재도구를 어떻게 선택하고, 어떻게 배치할 것인지, 의상은 무엇을 선택할 것인지 등등은 그리 단순한 문제가 아니다. 특히 전문가의 통일된 견해가 없으면 문제는 더 복잡해진다. 시기별로 제작된 '춘향전' 영화들을 살펴보면 이들이 각기 다르게 재현되고 있는 것을 발견할 수 있다. 여기서 감독의 취향과 가치가 중요한 역할을 하지만, 관객 역할도 이에 못지않게 중요하다. 관객의 기대와 가치 그리고 욕망은 일차적으로 관객 개개인의 개인적 경험과 기억 그리고 가치에 의해 형성되지만, 사회적·집단적 기억과 경험 그리고 욕망도 중요한 역할을 한다. 이런 시기별 차이점들은 한국처럼 압축 고도 성장을 한 국가에서 더욱 두드러지게 나타난다.

이 책은 다수의 '춘향전' 영화들 가운데, 2000년에 제작된 임권택 감독의 「춘향뎐」 그리고 1961년에 제작된 홍성기 감독의 「춘향전」과 신상옥 감독의 「성춘향」을 분석 대상으로 삼았다. 한국 사람에게 1961년은 일제 식민 통치와 한국전쟁을 겪은 뒤 고통과 고난의 시간을 극복해나가던 시기였다. 한반도에 한창이었던 동서냉전이 점차 문화냉전으로 바뀌어가던 때이기도 했다. 이때 남한과 북한 사이에는 체제의 정당성과 권위를 둘러싸고 서로 치열한 생존과 위세 경쟁이 있었다. 이런 상황 아래 남한의 대표적인 두 명의 감독이 제작한 「춘향전」과 「성춘향」에서 광한루와 월매의 집이 어떻게 구성되고 재현되어 있는지 그리고 이것의 문화적 함의는 무엇인지를 살펴본다.

한국 사회는 세계사에서 유래를 찾아보기 힘들게 빠른 속도로 산업화와 민주화를 이루었다. 한국인은 단군 이래 가장 풍요롭고 민주화된 사회에서 전 인류적 메가 스포츠 이벤트인 '88 서울 올림픽'과 '2002년 한일 월드컵'을 성공적으로 개최했고, 더불어 국가의 위상도 빠르게 높아졌다. 한국은 '조용한 아침의 나라' 또는 '은둔의 나라'에서 실로 눈 깜짝할 사이에 가장 역동적이고, 경제적으로 풍요로운 나라로 변모했다. 하지만 이 과정에서 한국은 몇 차례 위기를 겪었다. 특히 1997년의 '외환 위기'는 한국의 경제와 사회 기반이 글로벌 세상에서 얼마나 취약한지를 여실히 보여주었다.

영화 산업도 예외는 아니어서, 한국 영화계는 이 시

기에 미국의 시장 개방 압력을 받으면서 스스로 '온실 속의 화초'라는 점을 절감했다. 세계화와 신자유주의가 새로운 질서가 된 세상에서 국내 영화 산업은 정부의 지원과 보호 정책 그리고 국내 관객에 의해 명맥을 유지해왔다. 하지만 미국의 강력한 시장 개방 요구에 정부는 굴복할 수밖에 없었고, 한국 영화 산업도 서유럽 국가나 일본에서처럼 주변화되고 소수화될 위기에 처했다. '신토불이'처럼 방어적 민족주의가 다시금 등장했지만 앞서 '외환 위기'에서 보고 경험했듯이, 이것이 궁극적인 해결책이 될 수는 없었다. 한국은 자신만의 것들을 가지고 적극적으로 해외에 진출해서 치열한 경쟁을 뚫고 성공 모델을 만들어야만 했다.

임권택 감독은 이런 시기에 '춘향전' 이야기를 재소환했다. 그는 이미 1993년「서편제」를 통해 한국적인 것의 성공 가능성을 확인했다. 점차 잊혀가는 한국 판소리를 담은 이 영화는 예상 외로 국내에서 흥행에 성공했고, 외국에서도 좋은 평가를 받았다. 이 영화를 만들기 전부터 임권택 감독은 호남 특유의 한과 감정이 담긴 판소리에 관심과 애정을 가졌다. 그는 「서편제」 이후 본격적인 판소리 영화 「춘향뎐」을 제작하기 위해 차근차근 준비해나갔다. 이렇게 제작된 「춘향뎐」은 「서편제」와는 다른 모습을 보인다. 이미 많은 국내 유명 감독이 '춘향전' 영화를 제작했기에, 이제는 노감독 반열에 오른 임권택은 이 영화들과는 다른 새로운 시도를 선보여야만 했다. 그것만이 국제영화제에서도 인정받을 수 있는 길이기도 했다.

'외환 위기'가 어느 정도 극복되고, 미국의 시장 개방 압력도 진정되던 2000년, 임권택 감독은 「춘향뎐」을 발표했다. 한국적 미학을 담은 이 영화는 할리우드로 대표되는 서구 영화 세계를 향한 도전이었다. 하지만 「서편제」와 달리 국내에서는 흥행에 참패했다. 칸영화제 본선 경쟁작으로 선정되고, 해외 비평가들이 호평을 쏟아내기 전까지, 이 영화에 대한 국내 비평가들의 시선은 차가웠다.

이 책은 이렇게 양가적 시선을 받는 「춘향뎐」에서 한국의 전통문화, 특히 한옥이 어떻게 재현되고 있으며, 이의 문화적 함의는 무엇인지에 주목했다. 책의 제한된 지면과 발간 의도 그리고 부족한 집필 시간 때문에 다른 중요한 '춘향전' 영화들은 분석 대상으로 삼지 못했다. 일제 식민 통치 시기, 산업화와 근대화 시기, 민주화 시기, 포스트모던 시기 등에 제작된 '춘향전' 영화들은 한옥과 전통에 대한 또 다른 결의 표상과 재현 그리고 문화적 함의를 드러낸다. 우리는 이 책에서 이 지점을 향해 그저 하나의 작은 돌을 던질 뿐이다. 미진하게 다루거나 전혀 다루지 못한 내용은 다른 연구자들의 과제가 될 것이다. 만일 이 책에서 고전문학 작품 『춘향전』이나 영화 '춘향전'들에 대해 잘못 분석하고 이해한 부분이 있다면 이는 전적으로 우리의 책임이다. 이 책이 나오기까지 인내심으로 지켜봐주신 국학진흥원과 출판사에 감사한다.

2020년 11월

김민옥, 조관연

1장

신상옥, 홍성기 감독의 '춘향전' 영화와 한옥

1 들어가며

소설 『춘향전』은 한국의 대표적인 국민문학이며, 그 안에 담긴 가치와 규범은 민족의 정체성과 자긍심의 중요한 요소다. 여러 학문 분야의 많은 연구자가 소설과 판소리 그리고 영화 속의 '춘향전'을 다양한 방법과 시각으로 분석했다. 하지만 문화냉전 시기에 정통성이 부족한 남북한 정권이 체제 경쟁에서 권력의 정통성과 권위를 확보하기 위한 수단으로 영화와 전통을 어떻게 이용했는지에 대한 연구는 부족하다.

『춘향전』은 23회나 영화화되었다. 일본인 하야가와 고슈早川松次郎가 1923년 국내 최초로 영화 「춘향전」을 제작한 이후, 이명우 감독은 1935년에 국내에서 최초의 발성영화 「춘향전」을 만들었다. 한국전쟁으로 국토와 영화 기반 시설이 상당 부분 파괴된 상태에서 이규환 감독은 1955년에 컬러 영화 「춘향전」을 제작해서 흥행에 크게 성공했다. 전쟁의 상흔이 가시지 않은 1959년, 북한의 윤룡규 감독은 체코슬로바키아와 합작해서 1년 동안의 제작 기간을 거쳐 컬러 영화를 제작했다. 1961년에는 남한을 대표하는 신상옥 감독과 홍성기 감독이 각각 「성춘향」과 「춘향전」을 시네마스코프(광폭) 컬러 영화로 제작했다. 「성춘향」은 기존의 흥행 기록을 획기적으로 경신한 반면, 「춘향전」은 제작비도 온전히 회수하지 못하는 흥행 참패를 기록했다. 신상옥 감독은 이 영화를 통해 영화계의 거장으로 떠올랐고, 그의 작품들은 국제영화제에도 초청받았다. 「성춘향」의 성공은 한국 영화 산업이 한 단계 발전하는 계기가 되었다. 이후 1980년까지 남한에서는 6편 이상의 '춘향전' 영화들이 만들어졌고, 1971년에는 이성구 감독이 한국 최초로 70mm '춘향전' '영화를 제작했다. 이상에서 알 수 있듯이, '춘향전' 영화제작에는 거의 빠짐없이 당대의 최고 기술이 동원되었다.[1]

1980년 북한의 유원준 감독도 영화 「춘향전」을 제작했고, 4년 후에는 납북된 신상옥 감독 부부가 북한 당국의 전폭적인 지원을 받아 「사랑, 사랑, 내 사랑」을 제작했다. 2000년에는 임권택 감독이 「춘향뎐」을 제작했는데, 국내 영화 비평가들의 예상과 달리 한국 영화 최초로 칸영화제 본선에 진출했다. 이상에서 볼 수 있듯이, '춘향전'은 한국에서 특별한 위치를 점하고 있는 고전이며, 오랜 기간 사람들의 사랑을 받아왔다. 한국 고전문학 작품들이 영화화된 편수는 약 70여 편인데, 그중 『춘향전』이 23편으로 가장 많다. 다음으로는 『장화홍련전』이 7편, 『심청전』과 『홍길동전』이 각 4편으로 그 뒤를 잇는다.[2] 『춘향전』이 유독 많이 영화화된 이유는 시기마다 다르지만, 이 이야기에서 보여주는 인간 감정과 가치의 보편성과 특수성 그리고 당대의 시대정신을 앞서는 가치와 규범 그리고 정치적 메시지 때문이라고 본다. '춘향전' 이야기는 불합리한 사회질서와 구조를 배경으로 춘향과 몽룡의 신분을 초월한 사랑, 타락한 권력자 응징 그리고 기생, 노비 등 소수자 및 약자의 저항과 주체적 삶을 다룬다. 이는 당시의 시대정신과 연결되며, 이것이 '춘향전' 이야기가 시대마다 소환되고 재현되고 있는 이유다. 그래서 '춘향전' 영화 연구는 다층적인 차원에서 독해할 수 있고, 특히 1961년에 제작된 두 편의 영화 「성춘향」과 「춘향전」은 당대의 시대적 상황이 투영된 대표적인 작품이다. 1950년대 후반은 미국과 소련 간의 냉전이 문화냉전[3]으로 점차 바뀌어가고, 남북한 정권 간에 치열한 체제 경쟁이 벌어지던 시기로 『춘향전』이 남북한에서 왜 소환되었으며, 이런 소환 목적에 부응하기 위해 신상옥, 홍성기 감독의 '춘향전' 영화는 전통을 어떻게 재현하고 있는가? 이러한 의문과 접근은 '춘향전' 영화의 제작과 소비 또는 수용의 문제를 국민국가를 넘어 초국가적인 단위에서 이해할 수 있는 단초를 제공할 것이다. 또한 전통의 소환이 정치와 관계 맺는 방식과 영화적 재현을 둘러싼 권력 관계에 대한 이해를 확장해줄 것이라고 기대한다. 신상옥, 홍성기 감독은 새로운 사회적 기운이 싹트는 시기에 「성춘향」과 「춘향전」을 제작했다.[4] 남한 사회는 남북한 모두에게 커다란 상흔을 남긴 한국전쟁에서부터, 독재를 종식하고 자유민주주의 가능성을 싹틔운 4·19혁명 이후까지 정치적 혼동과 경제적 빈곤의 시기를 보냈다. 두 영화는 4·19혁명이 성공한 3개월여 후 각각 제작을 시작했다. 두 영화의 제작은 당연히 이런 사회적 분위기와 관련이 있는데, 특히 광한루와 월매의 집 그리고 그 안에서 벌어지는 사회적 상호작용은 당시 새롭게 변화된 사회적·정치적 분위기와 국민의 새로운 희망을 반영하고 있다.[5]

춘향전에서 상징적이며 공적 공간인 광한루와 서민의 일상적 공간인 월매의 집은 한옥과 더 나아가 한국 전통에 대한 당시 사람들의 기대와 욕망과 가치 등을 종합적으로 분석하기 좋은 창이다. 한옥은 건물로서뿐 아니라 그 안에 있는 옷과 장식품, 일상품 그리고 사람의 활동과 함께 의미와 기능이 종합적으로 구성된 곳이다. 이는 영화 속 한옥에 감독뿐 아니라 관객의 한옥 또는 더 나아가 한국 전통문화에 대한 당대의 생각과 희망, 욕망과 가치 등이 상당히 반영되어 있다는 의미다. 이런 영화적 재현은 국내 관객의 욕망을 반영하는 것일 뿐만 아니라, 북한을 포함한 타자를 향한 인정 욕구 또는 인정 투쟁을 반영한 것이다. 이 글은 한국적인 것 또는 옛것에 대한 향수 담론 또는 영화사적 또는 텍스트 분석과 해석을 넘어서, 역사와 전통의 정치적 소비에 대해 깊이 있게 이해하고자 한다.

2 전통의 재현과 '자기 만들기'

'춘향전'에는 수많은 이본이 있고, 소설이나 판소리 등처럼 다양한 방식으로 이야기가 전한다. 이 이야기는 시대별로 다르고, 동시대에도 서로 다른 이본들이 각자의 원본성, 정당성 그리고 대중성을 둘러싸고 경합하고 있다. '춘향전'은 실제 사건, 즉 복원 가능한 사실의 집합으로 만들어진 것이 아니다. 화자나 작가, 영화감독 같은 해석자를 통해 매개되는 일종의 텍스트이며, 비평적 해석이 필요하다. 여기서는 스티븐 그린블랫Stephen Greenblatt이 1980년에 제시한 '자기 만들기Self-fashioning'[6] 개념을 통해 「춘향전」과 「성춘향」 속의 재현된 한옥을 살펴본다.

'자기 만들기' 개념은 사회적으로 용인되는 일련의 기준에 따라 자기 정체성과 공적 페르소나를 구성하는 과정을 묘사할 때 사용된다. 그린블랫은 르네상스 시기 귀족은 자기가 감당할 수 있는 최고급 옷을 입고, 문학, 예술, 스포츠에 능통하도록 교육을 받았으며, 신중하고 세련된 매너로 자신을 구성하는 법을 배웠다고 주장했다. '자기 만들기'와 미학적 매체는 호혜적 관계를 형성한다. 즉 '자기 만들기'에 의해 재구성된 이미지는 문학 작품이나 도상학 그리고 초상화에서 재현된다. 그린블랫에 의하면, 르네상스 시절 상류층은 특히 '자기 만들기'에 집중했다. 귀족 남자와 여자들에게는 특정 복장과 행동이 규정되었다. 남성 지배자들은 갑옷을 입고 무기를 든 모습으로 그려졌는데, 이런 남성성의 이념적 상징은 권위와 권력이었다. 남자들과 달리 귀부인에게 부가된 가장 중요한 특징은 아름다움으로, 이 아름다움은 순결, 미덕, 겸손의 개념을 상징한다. 귀부인의 아름다움은 이상화된 포즈와 화려한 드레스 그리고 정교한 보석들로 상징되며, 이러한 것은 초상화 등에서 시각적으로 재현된다. 이와 같은 초상화의 도상학은 르네상스 시대 규정된 신분을 넘어서서 젠더별 특징을 시각적으로 재현하는 역할을 하기도 한다.

그린블랫에 의해 제시된 '자기 만들기' 개념은 후세 연구자들에 의해 확대되었다. 데이비드 쿠흐타David Kuchta는 『르네상스 영국에서 남성성의 기호학』[7]에서 신하들의 '자기 만들기'를 고찰했다. 귀족 가문의 남자는 군주가 정한 매너와 의상 규정에 따라 스스로를 예술 작품으로 창작했다. 르네상스 시대 영국에서 신하의 '자기 만들기' 특징은 주로 의상과 행동에서 나타난다. 행동에서는 꾸민 매너가 아니라 자연스럽고 태연한 방식의 매너, 의상에서는 여성적 측면을 이용해서 자신의 위치를 반영하는 경향을 보인다. 또한 자신이 섬기는 군주를 닮기 위해 노력하고 행동도 모방하는 특징을 보인다. 신하의 '자기 만들기'에서 두드러진 특징 중 또 다른 하나는 사회에서 칭송받는 모델을 흉내 내기 위해 의식적으로 노력하는 것이다. 미셸 푸코의 영향을 강하게 받은 그린블랫의 개념은 르네상스 연구를 넘어서서 다른 사회와 문화에 많은 시사점과 응용 가능성을 제시한다. 발레스카 슈반트Waleska Schwandt는 이 개념을 오스카 와일드의 작품을 해석하는 데 적용했고,[8] 알비나 퀸타나Alvina E. Quintana는 20세기 멕시코계 미국인인 치카노

문학을 해석하는 데 응용했다.[9] 또한 잭 첸Jack Chen은 당나라 태종의 저술을 해석하는 데 이 개념을 활용했다.[10] 그린블랫의 '자기 만들기' 개념은 주로 특정 개인이나 계급 또는 계층의 문헌 텍스트를 중심으로 적용되었다. 이 개념은 종족 또는 민족 집단적 차원의 영화에도 적용 가능하다. 그것은 영화가 사회적으로 용인되는 일련의 기준에 따라 자기 정체성과 공적 페르소나를 구성하는 과정을 묘사하기 때문이다. 일제 식민지와 한국전쟁을 거치면서 민족적 자기 정체성이나 전통의 뿌리가 흔들리는 상황에서, 한국인의 고전 작품이자 민족 정체성의 한 축인 '춘향전' 이야기의 시각적 재현은 '자기 만들기' 차원에서 해석할 수 있다. 1960년대 한국을 대표하는 영화감독 두 사람이 시각적으로 재구성하는 전통 재구성 이미지들은 무너진 자존감과 인정 욕구를 반영하는 것을 넘어서, 한국 전통의 해석과 수용에 대한 하나의 표준적 기준을 제시하는 경향이 강하기 때문이다.

3 영화 속의 한옥 재현

1961년에 제작된 신상옥 감독의 「성춘향」과 홍성기 감독의 「춘향전」은 당시 국민에게 널리 알려진 정형화된 내러티브 구조를 별다른 변개transformation 없이 충실하게 따르고 있다. 이는 당시 문자로만 접하던 소설이나 판소리 춘향전을 시각적으로 확인하고 싶은 관객의 욕구를 반영한 것으로 볼 수 있다.[11] 춘향전에서 상징적이고 공적인 공간인 광한루와 서민의 일상 공간인 월매의 집은 한옥 그리고 더 나아가 한국 전통에 대한 당시 사람들의 기대와 욕망 그리고 가치관 등이 반영된 곳이다. 두 영화에서 한옥은 건물로서만이 아니라 그 안에 존재하는 옷[12]과 장식품, 생활용품 그리고 사람의 활동과 더불어 종합적으로 재현된다.[13]

광한루와 오작교의 공간구성과 재현

광한루의 구성과 재현

두 편의 영화 「성춘향」과 「춘향전」 속의 광한루는 우리가 알고 있는 남원의 광한루가 아니다. 기록이 남아 있지 않아서 왜 남원 광한루에서 촬영하지 않았는지는 알 수 없다. 하지만 당시 광한루 복원 작업이 한창이었고, 촬영과 제작비 어려움 그리고 서울까지의 물리적 거리 때문으로 추정된다.[14] 이 두 편의 영화는 광한루와 원園을 각기 다른 방식으로 재현하고 있는데, 여기서 광한루에 대한 시선의 차이가 드러난다.[15] 이 차이점들은 광한루와 원, 한국의 전통 누각, 전통문화에 대한 당대 두 감독의 생각과 가치 그리고 관객의 욕망 등을 반영한다.

신상옥 감독의 「성춘향」에서 광한루는 2층 누각으로 팔작지붕 건물이다. 전체 건물을 보여주는 장면이 없어서 정확하게 알 수는 없지만, 영화 속 여러 장면을 종합하면 정면 4칸, 측면 6칸, 총 24칸으로 추정된다. 전북 남원에 있는 광한루는 본루가 정면 5칸, 측면 4칸, 총 20칸이고, 온돌방인 부속 누각은 정면 3칸, 측면 2칸, 총 6칸

1962년 4월 4일 『동아일보』 1면에 실린 광한루(上)와
2019년 11월 직접 촬영한 광한루의 모습(下).

으로 구성되어 있다. 이 영화 속 광한루는 실제 광한루보다 약간 규모가 작다. 반면 홍성기 감독의 「춘향전」에서의 광한루도 팔작지붕에 2층 누각이지만, 규모는 정면 3칸, 측면 2칸, 총 6칸 건물이다. 이는 실제 광한루의 4분의 1 정도 규모다. 또한 「성춘향」의 광한루는 「춘향전」보다 규모가 더 크고 웅장하게 보이는데, 이는 「성춘향」에서의 광한루 1칸의 넓이가 「춘향전」의 광한루보다 훨씬 더 넓기 때문이기도 하다.[16] 하지만 홍성기 감독은 「춘향전」에서 설정한 광한루의 왜소함을 주변의 자연 풍광과 영화적 장치로 보완했다.

영화 「성춘향」의 광한루는 실재하는 광한루의 규모에 걸맞게 큰 목재를 사용해 견고하게 지은 건물이고, 단청이나 장식도 화려하다. 기둥과 기둥 사이를 연결하는 창방昌防 의 크기는 건물의 기둥보다 훨씬 더 굵고 크며 무게감 있어 보인다. 또 창방과 지붕을 받치고 있는 서까래 사이에는 2개의 화반華盤 을 넣어 건물의 화려함을 더했으며, 기둥과 서까래 사이에는 새의 날개 모양의 익공翼工 계 공포를 넣었다. 공포는 처마 끝의 하중을 받치기 위해 기둥머리 같은 데 짜 맞추어 댄 목재를 말하며, 여기에서 사용된 것은 경복궁 경회루의 공포와 같

신상옥 감독 「성춘향」의 광한루.

홍성기 감독 「춘향전」의 광한루.

다. 「성춘향」에서의 광한루는 궁궐 누정인 경회루에는 못 미치지만, 당시 대표적인 관아 누정인 진주 촉석루, 밀양 영남루에 버금가는 규모와 화려함을 보여준다. 반면 홍성기 감독의 「춘향전」에서 사용된 광한루 부재의 크기나 장식은 간결하고 단조로우며, 단청도 없고 화반도 없다. 하지만 주변의 경치를 관람하기 좋은 누대樓臺 형태로 지어져, 「성춘향」에서 보여주는 광한루와는 또 다른 한옥의 매력을 보여준다.[17]

이 두 영화 안에서 광한루의 영화적 재현도 차이가 난다. 두 영화 모두 처음에는 풀숏full shot을 통해 건물을 보여주는 점은 같지만, 이후 장면들은 각기 다르게 광한루를 구성, 재현하고 있다. 우선 「성춘향」에서는 처음에는 로 앵글low angle로 광한루의 규모와 위용을 보여주는데, 이때 현판과 겹처마 그리고 화려한 단청이 자연스럽게 부각된다. 이 영화는 건축물을 둘러싼 풍경보다는 건축물의 재질과 부분적 아름다움에 초점을 맞춘다. 한옥의 대표적인 아름다움으로는 서까래와 하늘로 살짝 올라간 처마의 곡선이 대표적으로 언급된다. 영화는 서까래와 처마의 곡선을 표현하기 위해 반복적으로 로

신상옥 감독의 「성춘향」에서 재현된 광한루의 주요 장면.

앵글을 사용하는데, 이를 통해 한옥의 아름다움과 웅장함이 부각된다. 또한 건물 내부를 보여줄 때는 롱 테이크long take를 사용해서 관객이 화려한 장식과 차경을 충분히 감상할 수 있도록 한다.

이에 반해 「춘향전」에서는 광한루로 설정된 누樓의 크기와 규모 그리고 화려함이 현저하게 떨어진다. 하지만 누각 주변 환경을 중요하게 보여줌으로써 한옥 또는 누각의 또 다른 미가 부각된다. 영화 속 광한루는 전망이 좋은 산 위에 있으며, 아래로는 강물이 굽이치며 흘러가고, 그 주변에는 산들이 병풍처럼 늘어서 있다. 홍성기 감독은 광한루 건물보다는 차경을 중시하는데, 실제로 전통 누정은 건물보다는 차경을 더 중시하는 경향이 있다.[18] 「춘향전」에서 광한루의 차경을 배경으로 한 숏은 1분 40여 초인데, 다른 숏이 대체로 5~20초 내외인 것에 비하면 상대적으로 길다. 또한 「춘향전」에서 광한루는 주로 수평 앵글로 촬영되었는데, 이는 등장인물 사이의 수평적 또는 평등한 관계를 보여주면서 차경의 아름다움을 강조하기 위한 것으로 추정된다. 이 영화 속의 차경은 상대적으로 빈약한 광한루 건물의 미와 규모를 보완하면서 한국의 자랑스러운 '아름다운 금수강산'

을 표현하는 장치가 된다. 홍성기 감독은 광한루의 기둥과 기둥 사이 공간에 차경을 배치함으로써 여러 폭의 병풍을 펼쳐놓은 것 같은 느낌을 준다. 이는 안동 병산서원 만대루와 같은 차경 원리다. 한국 누정의 우수성과 고유성을 강조할 때 자주 이런 차경이 동원된다.

공간은 인물들의 활동이 상호작용하면서 의미가 만들어지고 역할이 생긴다. 이는 그 장소의 성격을 말하는 것으로, 그 장소 내의 건축물 등 물리적 특성과 그곳에서 일어나는 사람들의 행위가 종합적으로 반영되어 나타난다. 「성춘향」과 「춘향전」 모두에서 광한루는 몽룡과 방자 그리고 마부가 신분 구분 없이 서로 술을 나누는, 일시적이지만 수평적 관계가 형성된 공간이다. 「성춘향」은 수평적 관계를 두 명의 마부와 방자 그리고 몽룡이 공적 공간인 광한루에 올라 술자리를 즐기는 장면으로 보여준다. 신상옥 감독은 이 관계를 수평 앵글로 롱 테이크로 표현한다. 다른 장면들에 비해 훨씬 긴 이 장면에서 이들 간의 수평적 관계는 두 명의 마부가 누정에 오르기 전 방자와 나눈 대사에서도 드러난다.

몽룡 여봐라—.

홍성기 감독의 「춘향전」에서 재현된 광한루의 주요 장면.

마부들 예이—.

몽룡 너희들도 올라 앉아라. 우리 오늘은 상하의 구별 다 걷어치우고 트고 놀자.

마부들 예이—.

방자 아니, 도련님, 그게 무슨 말씀이오?

몽룡 오늘은 단오명절, 녹수장막 둘러싸인 이 고루에서 주객이 한데 어울려 놀아보는 것도 아니 좋은 일이냐?

방자 참말이요? 도련님?

몽룡 그래, 어서 올라와 앉아라.

방자 아하—참 천지개벽을 해도 이런 일은 없소.

몽룡 한잔 먹고 노는데 상하를 가릴 것 없지 않느냐.

홍성기 감독도 「춘향전」에서 마부 한 명과 방자 그리고 몽룡이 술을 나누는 장면을 롱 테이크로 처리한다. 「성춘향」과 「춘향전」에서 신분 질서는 일시적으로 약화되지만, 연장자를 우대하는 장면은 공통적이다. 나이순으로 술잔이 건네지는데, 홍성기 감독은 약 1분 40초 동안 수평 앵글로 이 모습을 담았다. 이 장면에서는 신분의 상하 구분을 논하지 않음으로써 일시적이지만 평등한 관계가 만들어진다.

몽룡 입씨름 그만하고, 오늘은 상하 구분 없이 한자리에서 놀자.
방자 아이고, 도련님도. 소인들 모가지 달아나는 꼴 보려고 그러시오?
몽룡 잔말 말고 이리 와 앉아라. 오늘은 단오절이고 파탈한 소풍 아니냐?

춘향전이 쓰인 18세기 광한루는 남원부 관아의 누각으로, 제한된 사람들만 특정한 경우 이용할 수 있었다.[19] 하지만 두 영화 모두 단옷날에 신분 귀천 없이 누구나 이용하고, 그 안에서 위계적 관계가 일시적으로 해체되면서 수평적 관계가 형성된 장소로 그리고 있다.

오작교의 구성과 재현

광한루원廣寒樓園은 조선 시대 남원부 관아의 정원으로 조성된 곳이다.[20] 이곳에는 달나라 궁전을 상징하는 광한루와 은하수를 상징하는 연못, 견우와 직녀가 만난다는 오작교를 비롯해 지상낙원인 삼신각(방장각, 봉래각, 영주각)이 함께 있다. 소설 『춘향전』 중의 주요 무대는

신상옥 감독 「성춘향」의 오작교.

이들 중에서 광한루와 오작교이다.

> 광한루 진기한 경치 좋거니와 오작교가 더욱 좋다. 바야흐로 이른바 호남에서 제일가는 성城이로다.
> 오작교가 분명하면 견우직녀 어디 있나. 이렇게 좋은 경치에 풍월이 없을쏘냐.[21]

홍성기 감독 「춘향전」의 오작교.

이 정원의 공간적 요소 중에서 신상옥의 「성춘향」에서는 광한루와 오작교, 홍성기의 「춘향전」에서는 광한루와 오작교 그리고 연못이 등장한다. 이 두 영화에서 공간의 구성과 기능과 역할은 대체로 동일하지만, 차이점도 있다. 하지만 이런 차이점은 당연히 의미의 차이점도 만들어낸다.

오작교는 두 영화 모두에서 춘향과 몽룡이 처음 만나는 장소지만 이때 춘향의 태도는 차이가 있다. 「성춘향」에서 오작교는 말이나 가마가 통행할 수 있는 큰 석교이고, 청계천의 수표교처럼 화강암으로 된 난간은 만듦새가 화려하고 정교하다. 이 다리는 춘향과 몽룡이 처음으로 만나는 장소다. 춘향이 장옷을 걷고 고개를 들어 똑바로 응시함으로써 몽룡에 대한 호감을 주체적이고 능동적으로 표현하는 장소이기도 하다. 이에 반해 「춘향전」은 경복궁 향원정의 취향교로 추정되는 나무다리를 오작교로 설정하고 있는데, 이 다리는 궁중 시설이어서 화려하고 규모도 크다. 다리는 연잎이 가득한 큰 연못의 한가운데를 가로질러 놓여 있는데, 그 끝에는 규모는 아담하지만 화려한 6각의 2층 누각이 있다. 「춘향전」에서 몽룡과 춘향은 월매의 허락 이후 오작교에서 공개적인 만남을 갖는다. 하지만 여기서 춘향은 신분 차이로 인한 사회적 시선 때문에 불안감과 두려움을 드러낸다. 두 영화에서 오작교 만남은 비교적 짧게 묘사되고 있는데(「성춘향」 1분 40초, 「춘향전」 2분 35초), 이 장면은 춘향의 성격을 각각 다르게 드러낸다.

이상화된 '월매의 집'

광한루가 관아가 관리하고 이용하는 공적 공간이라면, 퇴기인 월매가 사는 집은 사적인 공간이다. 조선 후기 남원에 사는 퇴기의 집을 어떻게 재현할지에는 많은 가능성이 열려 있다. 「춘향전」과 「성춘향」이 제작될 당시에는 조선 후기의 생활사나 일상사 연구가 축적되지 않은 상태였다. 따라서 영화 속 월매의 집은 조선 후기 남원 퇴기의 실제 집이라기보다는 당시 제작자나 관객이 상상하거나 욕망한 구성물이다. 소설 『춘향전』에서 월매의 집은 춘향과 몽룡이 부부의 연을 맺고 사랑을 나누는 공간이자 이별의 장소이다. 월매의 집은 부정적인 사회적 시선에서 벗어나 둘만의 안전하고 자유로운 만남을 이어갈 수 있는 공간이다. 하지만 현격한 신분 차이로 인해 미래가 불확실한 장소이기도 하다.[22] 이 장에서는 두 영화에서 재현된 월매 집의 전체적인 규모와 공간 배치 그리고 각 실내 공간의 구조와 구성 요소 및 장식물을 중심으로 살펴보려고 한다.

규모와 공간 배치

「성춘향」에 등장하는 월매의 집은 돌담이 있는 기와집인데, 담장 높이는 그리 높지 않다. 18세기 후반 상당한 부를 축적한 상류 계층에서나 기와를 얹은 돌담을 쌓을 수 있었다. 이 영화에서는 퇴기 월매의 집이 이런 상류 계층 집과 비슷한 규모로 그려지고 있다. 이 집의 대문을 열고 들어가면 집 안에는 더 높은 담장이 있으며, 중문을 두고 월매의 공간과 춘향의 공간이 구분된다. 공간 묘사가 충분하지 않아서 집의 전체적인 모습을 재구성하기는 힘들지만, 이 집은 크게 안채, 별채, 행랑채로 구성된 것으로 추정된다. 조선 후기 일반 서민이 안채, 별채, 행랑채를 갖춘 집에서 사는 것은 힘들었다.[23] 「성춘향」에서는 월매의 집을 부유한 상류층의 공간으로 재현하고 있다. 이에 반해 월매의 집 담장 밖으로 보이는 초가집과 저잣거리의 건물들은 한두 칸 규모의 초라한 초가집들이다.

「춘향전」에 등장하는 월매의 집은 「성춘향」에 비해 규모가 작고, 건물에 사용된 부재나 장식물에서도 차이를 보인다. 이 영화 속 월매의 집은 사람 키보다 조금 높은 흙담이 둘러 있고, 건물은 ㄱ 자 모양의 안채와 1칸

신상옥 감독의 「성춘향」에 등장하는 월매의 집.

홍성기 감독의 「춘향전」에 등장하는 월매의 집.

짜리 별채, 이렇게 2채로 구성된다. 두 건물 모두 초가 지붕을 얹었는데, 안채는 월매의 공간으로 대청과 방 2개, 부엌이 있다. 1칸짜리 별채는 춘향의 공간으로, 사방에 툇마루가 둘러 있으며 그 앞에는 잘 꾸민 작은 정원이 있다.「춘향전」에서 월매의 집은 전형적인 서민 주택 모습이다. 월매의 집은 주변 기와집과 달리 상대적으로 초라해 보인다. 단옷날 저잣거리 및 신관 사또 행차 장면에 등장하는 마을 모습은 솟을대문을 갖춘 매우 큰 규모의 집들이 있어서 상당히 화려하다. 궁핍해진 월매는 몽룡이 서울에 간 동안 방자에게 식량을 받기도 하고, 노리개와 옷감을 팔아 살림에 보태기도 한다.「춘향전」의 월매의 집은「성춘향」에서보다 빈곤하게 그려지고 있다.

방자 벼 한 섬 가져왔어요.

월매 뭘, 너희도 어려울 텐데…….

방자 괜찮아요.

월매 방자야, 너 마침 잘 왔다. 나랑 장에 좀 가자.

방자 장에는 왜요?

월매 이걸 팔아서 집에 좀 보태 써야겠어.

신상옥 감독의 「성춘향」에 나오는 월매의 집 실내장식.

실내 공간과 장식

「성춘향」에서는 월매의 집을 상류층의 주택으로, 「춘향전」에서는 일반 서민 주택으로 재현했지만, 두 영화 모두 방의 구성과 실내장식들이 조선 시대 상류 주택의 안방과 유사하게 재현되었다.[24] 「성춘향」의 월매 방에는 화려한 금속 장식의 삼층장과 농이 방 한쪽을 채우고 있다. 다른 쪽 벽에는 두 폭의 장식용 병풍이 있고, 그 옆의 다락문에는 화조도들이 붙어 있다. 기물로는 촛대와 곰방대, 재떨이 등이 있다. 춘향의 방은 월매의 방보다 더 화려하다. 춘향의 방은 주칠朱漆을 한 삼층장 2개, 삼층 탁자, 문갑, 머릿장, 경대 등의 가구로 채워졌고, 바닥에는 보료와 사방침이 깔려 있다. 긴 촛대는 방의 화려함을 더한다. 문갑 위쪽에는 벽면 가득 8폭 화조도 병풍이 펼쳐져 있고, 문갑 위에는 나전칠기, 빗접(머리 손질에 필요한 도구를 넣어두는 함)과 경대가 놓여 있다. 책상 위에는 책, 필통, 붓, 벼루 등이 있다. 춘향 방의 출입문은 완자살창의 네 짝 여닫이문인데, 열린 문 사이로 '福' 자가 새겨진 발이 길게 내려져 있다. 이는 조선 시대 상류층의 전형적인 안방 모습이다.

「춘향전」의 월매의 집 실내장식도 「성춘향」에 못지않

홍성기 감독의 「춘향전」에 나오는 월매의 집 실내장식.

다. 집 안채에 월매의 공간이 있는데, 여기에 대청과 방이 있다. 대청에는 곡식을 보관하는 뒤주와 찬장 등 부엌용 가구와 항아리 같은 생활 기물이 있다. 이는 조선시대 전형적인 상류 주택 안대청의 모습이다.[25] 월매의 방은 「성춘향」의 월매의 방보다 훨씬 더 크고, 안에는 다양한 가구와 기물이 있다. 꽃과 새가 가득한 화조도 병풍이 있고, 병풍 앞에는 보료도 깔려 있다. 보료는 안방이나 사랑방 등에 방치레로 깔아두던 요인데, 조선 시대에는 진사 이상의 가문에서만 사용이 가능했다. 이 영화에서 춘향의 방은 월매의 방보다 규모도 작으며, 실내 가구 및 장식도 소박하다. 춘향의 방에는 장이나 농 같은 큰 가구는 보이지 않지만, 「동궐도東闕圖」 병풍이 놓여 있고, 반대쪽에는 삼층 탁자와 문갑이 있다. 문갑 위에는 서책이 있고, 기물로는 촛대가 있다. 이 영화는 「성춘향」에 비해 춘향의 방을 상대적으로 간결하게 재현하고 있다.

4 문화냉전과 '춘향전'

'춘향전'은 한국인에게 독특한 의미를 가진 전통문화 자산으로, 일제 식민 통치 시기뿐만 아니라 한국전쟁 이후에도 남북한의 사람들은 이에 강한 애착을 갖고 있었다. 일제 시기 제작된 무성영화 「춘향전」(1923)과 한국 최초의 유성영화인 「춘향전」(1935)은 영화의 대중성을 확보하는 데 중요한 역할을 했을 뿐 아니라 조선의 전통과 민족 정체성을 확인하는 중요한 계기가 되었다. 한국 고전문학 작품들 중에서 '춘향전'이 가진 사회 문화적 의미는 남달랐기 때문에, 남북한 정권 모두 자신의 정통성과 권위를 만들고 유지하기 위해 이 작품을 적극 전유하는 것이 필요했다.

한국전쟁 직후인 1955년 서울에서만 18만 관객이 이규환 감독의 「춘향전」을 보았고, 3천만 환의 흥행 수입이 발생했다. 남한에서 이 영화가 상영될 당시 할리우드를 비롯 서구에서 제작된 영화들이 영화 시장을 주도하고 있었는데, 이규환의 「춘향전」은 한국 영화도 흥행에 성공하고 큰 수익을 낼 수 있다는 가능성을 보여주었다. 한국 영화계와 이승만 정권은 이즈음 해외시장 진출 논의를 시작했는데, 여기에는 여러 가지 이유가 있다. 일제 식민지로부터 해방된 신생 독립국가인 남한은 한국전쟁을 거치면서 극도로 피폐해졌고, 북한 정권의 군사적 위협에도 시달렸다. 국내적으로는 부정과 부패 그리고 정치적 갈등으로 극심한 혼란 상황을 겪고 있었는데, 이런 혼란상은 냉전과 남북한 대치 상황에서 국가 안보를 위태롭게 했다. 당시 남한 경제는 미국 등 서방의 원조에 의존해 근근이 버티고 있었는데, 이 서방국가들은 '비민주적인' 남한의 정치 상황에 깊은 우려를 표명했다. 남한 정부의 이런 부정적 이미지는 서방국가의 지원 축소와 지지 철회로 이어질 수 있고, 이는 남한 정권뿐 아니라 사회 전체의 존립을 위태롭게 할 수 있었다. 또한 당시 남한 사회에는 반자본주의적이고 친사회주의 성향의 사람들이 적지 않았고,

이들은 남한 정권 또는 체제를 불신하고 불만을 품고 있었다. 이런 상황에서 정권은 '자유주의' 또는 '민주주의'를 표방하는 남한 사회의 우월성과 성과를 국내외에 전시하고 홍보할 필요가 있었다.[26] 당시 일부 정치인과 달리 일반 외국인들은 남한이나 북한에 대해 잘 몰랐고, 안다 해도 일제 식민지, 한국전쟁, 가난 등과 같은 부정적 이미지가 주를 이루었다. 그러므로 남한의 자랑스러운 문화적 전통과 뿌리를 외국에 적극 홍보해서 국격을 높이고, 무너진 자존감을 회복하고, 북한과의 체제 경쟁에서 심리적 우위를 점하는 것이 필요했다. 이에 초국가적 특성을 가진 영화는 가장 효과적인 방법 중 하나였다.

1954년 아시아 영화계의 두 거물인 일본의 나가타 마사이치와 홍콩의 런런쇼가 제1회 아시아영화제를 도쿄에서 개최했다. 이 영화제가 내건 목적은 아시아 국가의 영화 산업을 진흥하고, 국가 간의 문화 교류를 촉진하는 것이었다. 한국은 1957년 도쿄에서 개최된 제4회 아시아영화제에 「시집가는 날」과 「백치 아다다」를 출품한 이래 계속 4~5작품을 출품했다. 참가한 첫해에 오영진의 희곡 『맹진사댁 경사』(1943)를 영화화한 이병일의

「시집가는 날」(1956)이 특별희극상을 수상했는데, 이는 남한 영화가 국제영화제에서 수상한 첫 번째 사례다. 원래 이 영화제 시상 부문에는 특별희극상이 없었는데, 남한에서 첫 출품한 「시집가는 날」을 위해 이 상을 특별히 만들었다. 남한 신문들은 앞다투어 이 기쁜 소식을 전했고, 이 소식은 남한 영화계뿐만 아니라 사회 전체에 큰 자긍심을 안겨주었다. 당시 일본에는 남한 정권에는 반감, 북한 정권에는 호감을 가진 재일 조선인 수가 적지 않았고, 조선인에게 반감을 가진 일본인도 많았는데, 일본의 수도 도쿄에서 열린 영화제에서 수상했으니 이는 단순히 문화적 사건이 아니었다. 영화의 수준과 국가의 위상을 거의 동일시하는 상황에서 남한에서 출품한 영화가 '적대적인' 장소에서 열린 국제영화제에서 수상한 것은 국가의 높아진 문화적 위상과 역량으로 받아들여졌다.[27] 이후 한국 영화계는 아시아영화제에서 수상하기 위해 많은 공을 들였지만 1958~1959년에는 아무런 상을 받지 못했다. 이 소식을 접한 국내 신문들은 남한 영화계와 영화의 품질 등에 대해 신랄한 비판을 했다. 남한 같은 신흥 독립국가는 '자유 진영' 국가들이 참가하는 '반공 블록' 영화 축제나 아시아영화제에서 자신의 존재를 전시하고 인정받고 싶은 욕망이 강했다. 남한 신문들의 비판적 기사는 이런 욕망이 좌절된 것에 대한 일종의 자조적 푸념이자, 밝은 미래를 위한 격려이기도 했다.

신상옥, 홍성기 감독이 서로의 자존심을 내걸고 제작한 「성춘향」과 「춘향전」은 개봉 이전부터 장안의 화제였다. 1960년대 초반 한국 영화계에는 극히 부족한 제작 인력과 재원밖에 없었다. 더욱이 자체 제작 기술이나 기반도 없이, 막대한 제작비가 필요한 컬러 시네마스코프 영화를 '춘향전'이라는 동일한 소재로 제작하는 것에 많은 비판이 있었다. 당시 정권은 국내 영화제작에 강한 통제권을 행사했는데, 영화 협회는 이들의 영화제작을 부정적으로 판단하고 제작을 저지하려고 했다. 하지만 협회 내의 복잡한 정치적 이해관계와 이들 감독이 각자 가지고 있는 정치력과 인적 네트워크 등 때문에 제작을 막는 것은 불가능했다. 오랜 조정 끝에 두 감독이 영화 이름을 다르게 해서 제작하는 것으로 결론이 났다. 이전에 '춘향전' 영화제작에는 자주 첨단 영화 기술이 동원되었는데, 이는 한국인에게 강한 소구력을 가진 '춘향전'이 흥행을 보장해주었기 때문이다. 관객들은 기꺼이 새로운 기술이 도입된 '춘향전'을 보고 싶어 했고, 신상옥과 홍성기는 당시 서구 사회에서 점차 기술적 표준으로 자리잡아가던 컬러 시네마스코프 기술을 각자의 영화에 도입했다. 「춘향전」이 「성춘향」보다 일주일 먼저 개봉했는데, 이 두 편의 영화는 개봉하기 전부터 장안의 화제였다. 일반인들의 예상과 달리 신상옥의 「성춘향」은 흥행에 성공했고, 홍성기의 「춘향전」은 참패했다. 신상옥의 「성춘향」은 명보극장에서 74일간 296회 연속 상영되어 38만 명이 관람했다. 전국적으로는 지역 순회 영화 상영까지 포함해 약 4백만 명이 영화를 보았고, 신상옥은 세금만 10억 환을 냈다.[28]

이미 적지 않은 '춘향전' 영화들이 제작되었음에도 불구하고, 신상옥, 홍성기 감독이 경쟁적으로 '춘향전' 컬러 시네마스코프 영화를 만든 것은 국내에서의 안전한 흥행과 해외시장 진출 때문이었다. 당시 남한 정권은 국제영화제에 영화를 출품하면 외국영화 수입권을 주었는데, 외화 상영은 국내에서 확실한 경제적 보증수표였다. 마땅한 오락거리가 거의 없었던 그 시절, 영화 관람은 거의 모든 계층과 연령에서 매우 좋아하는 오락이었으며, 다른 세상을 만나는 거의 유일한 창이었다. 외화에 비해 방화의 질적 수준이 떨어졌기 때문에 외화 수입권은 확실한 수익을 보장했다. 당시 아시아영화제에 출품하기 위해서 국내 영화들은 사전에 치열한 경쟁을 거쳐야 했는데, 여기에는 작품성과 오락성뿐만 아니라 국가 홍보 측면이 중시되었다. 다른 출품작과 달리 흥행에 성공하고, 컬러 시네마스코프인 「성춘향」은 아무 어려움 없이 아시아영화제 출품작으로 선정되었다.[29] 남한 사회의 경제적 불평등 문제를 다룬, 네오리얼리즘 분위기의 영화 「청춘 쌍곡선」(1956)도 작품성과 사회성을 인정받아 출품작으로 선정되었다. 하지만 최종 선정 단계에서 한국을 너무 암울하고 부정적으로 그렸다는 점이 문제되어 탈락했고, 제작자는 이런 번복 조치에 강하게 항의했다.[30] 당시 국가는 영화 산업을 직간접적으로 통제했다. 영화가 정권이나 국가의 이해관계나 대외 이미지에 중요한 역할을 했기 때문이다.

'춘향전' 영화가 해외시장에서 매력적인 이유는 다음과 같다. 우선 당시 대부분의 외국인에게 한국 또는 조선은 미지 또는 은둔의 나라였다. '춘향전' 영화는 신생 독립국인 한국도 오랜 전통과 자랑스러운 문화유산을 가지고 있다는 사실을 알리기 쉬운 작품이었다. '춘향전' 속의 지고지순한 사랑 이야기는 보편성이 있으며, 제2차세계대전 이후 전 세계적으로 진보적 사회 분위기가 대세인 상황에서 부패와 탐욕이 처벌받고 정의가 다시 세워지는 이야기에는 민족이나 문화 상관없이 쉽게 공감하고, 카타르시스를 느낄 수 있다. 당시 컬러 영화제작이 대세는 아니었지만, 컬러 영화는 조국의 산천과 사람 그리고 이들의 삶의 모습을 화려하고 다채롭게 재현하여 멋진 볼거리로 만들어주었다.[31] 시각적 이미지가 주를 이루는 영화는 국경이나 문화, 언어를 떠나 내용을 쉽게 전달할 수 있는데, 이런 의미에서 영화는 좋은 홍보 또는 선전 매체다.

신상옥과 홍성기의 '춘향전' 영화에서 전통적인 것 또는 조선적인 것은 다음과 같이 재현되고 있다. 우선 공적 권위를 상징하는 광한루는 남북한 정권의 법통과 관련이 있다. 신상옥은 24칸의 2층 누각을 광한루로 설정했는데, 그 규모와 크기 그리고 화려함의 재현에 중점을 맞추었다. 그리고 신상옥은 이 공간 안에서 벌어지는 활동을 반상의 구분 없는 평등 또는 대동이 구현된 것으로 재현하고 있다. 이에 반해 홍성기는 건물보다는 누각을 둘러싼 차경에 중점을 맞추고 있는데, 이는 한국의 누정이 차경을 특히 중시하는 경향을 반영한 것이다. 하지만 홍성기는 신상옥과 마찬가지로 공적 건물인 광한루에서의 활동을 평등하게 그리고 있다.

4·19혁명 이후 남한 사회는 독재를 타도하고 새로운 민주적 정부를 세웠는데, 이는 프롤레타리아 독재라는 미명하에 인민의 자유와 평등이 더 제한받고 통제받는 북한 정권과의 차이점이며, 남한 체제의 우월함이다. 원園에서의 당시 사람들의 활동과 의상들은 남한 체제의 우월함과 전통의 계승을 잘 보여준다. 춘향과 몽룡이 만나는 장면에서 의상은 다채롭고 활동적이다. 춘향의 다소곳하면서 수줍어하는 모습은 한국 전통 여성상이며, 당당하고 호방하며 너그러운 몽룡의 모습은 조선 전통의 유교적 남자상이기도 하다. 남녀 교제가 공적인 공간에서 금지된 북한 체제에 비하면 남한의 '춘향전' 영화들은 간접적인 방법으로 사회의 개방성과 개인의 자유와 평등을 강조한다.

신상옥과 홍성기는 사적인 서민의 공간인 월매의 집을 다음과 같이 재현하고 있다. 신상옥은 당시 사대부 집에 버금가는 규모와 크기 그리고 화려함으로 월매의 집을 그린다. 기와집은 안채, 행랑채, 별채로 구성되었고, 각각의 공간은 문으로 구획되어 있다. 돌담장에는 기와가 얹혀 있다. 월매와 춘향의 방에는 다양한 재질의 금구 장식으로 치장된 화려한 색의 장롱과 문갑이 있다. 또한 병풍과 화조도 등으로 꾸민 방은 평민인 이들이 얼마나 풍요로운 삶을 살고 있는지 상징적으로 보여준다. 남북한이 전쟁으로 대거 파괴된 상태에서 영화 속 월매의 집은 남한 사회의 풍요뿐 아니라, 얼마나 빨리 상흔으로부터 전통을 복구하고 계승하고 있는지를 보여준다. 홍성기는 신상옥보다 월매의 집을 좀 더 사실적인 측면에서 접근한다. 「성춘향」에 비해 「춘향전」의 월매의 집은 규모와 크기도 작고 화려함도 떨어진다. 하지만 춘향전이 만들어진 18세기 전후의 역사적 사실을 기반으로 지방 퇴기의 집을 추정한 것보다는 규모와 크기와 화려함이 훨씬 능가한다. 월매의 집에서 벌어지는 다양한 인물들 간의 상호작용도 자유롭고 수평적이며 주체적이다. 특히 춘향의 주체적인 모습은 서구 근대화와 4·19혁명 이후 바뀐 사회적 분위기를 반영하는데, 이는 근대화를 능동적이고 적극적으로 수용했지만 역사적 뿌리를 잊지 않고 창의적이고 발전적으로 융합한 남한의 모습을 간접적으로 상징한다. 이 역시 북한 체제에 대한 우월함이기도 하다.

신상옥 감독은 「성춘향」을 국내뿐 아니라 해외시장도 염두에 두고, 컬러 시네마스코프로 제작했다. 컬러 영화제작 기술도 없는 상태에서 시네마스코프로 제작하는 것은 커다란 도박이었다. 신상옥은 부족한 제작비를 마련하기 위해 부인의 패물까지 모두 내다 팔았다.[32] 더 좋은 화질을 구현할 수 있는 필름을 얻기 위해 편법을 동원했고, 다채롭고 화려한 색 재현을 위해 국민적 반감이 강한 일본에서 필름을 현상했다. 과거의 전통을 재현하기 위해 한옥과 인물의 의상 그리고 소품에 이르기까지 거의 모든 것을 이상화하고 낭만화했는데, 이는 외국 관객에게 이국적인 아름다움과 자랑스러운 전통과 뿌리를 전달하려는 의도이자, 이들에게 인정받고 싶은 욕구의 반영이었다. 이 영화는 같은 해 베를린 영화제,[33] 다음 해에는 시드니 영화제[34]에 초청되었고, 일본 6개 대도시에서 상영되었을 뿐만 아니라,[35] 미국과 멕시코 등지로도 수출되었다.[36] 이는 남북한 영화 경쟁에서 남한이 뒤떨어지지 않음을 확인해주는 확실한 징표였다.

북한도 이런 맥락에서 1959년 영화 「춘향전」을 제작했고, 공산국가들의 영화 축제인 모스크바 영화제에 출품했다. 이 영화는 모스크바 영화제에서 촬영상을 수상했는데, 감독인 윤룡규는 "『춘향전』이 오늘의 「춘향전」으로 된 원인은 그 간결한 슈제트 속에 담긴 사랑에 대한 우리 인민들의 고상한 리념, 절개에 대한 깊은 인도주의 사상 그리고 이 사랑 이야기를 단순한 사랑 이야기 이상으로 나가게 한 봉건 착취 사회에 대한 예리하고도 깊은 비판 정신에 있지 않겠는가"라는 말로 연출의 의도와 핵심을 이야기했다. 또한 그는 "춘향이의 아름다운 사랑과 굳은 절개, 강한 의지, 리몽룡의 활달한 기상, 깨끗한 심정, 방자의 인민적 유모어, 월매의 담담한 인간미, 향단의 알뜰한 인정, 인민들의 락천적 생활력과 강한 정의감"[37]을 영화에 담기 위해 노력했다고 했다.

인민배우 황철은 일제 강점기에 여러 차례 '춘향전'에 출연한 경력이 있는 배우로, 1958년 국립제1연극극장 총장으로 임명되었고, 윤룡규의 「춘향전」에서 변학도 역을 맡았다. 이를 통해 당시 북한 당국이 얼마나 이 영화제작에 관심을 보이고 지원을 아끼지 않았는지 알 수 있다. 이 영화의 촬영감독 오웅탁은 「춘향전」을 컬러 영화로 촬영하면서 "우리 조국의 산천을 신비롭고 우아하게 화면에 담아나가려 애썼다"고 이야기했다. 더불어 "춘향과 몽룡의 의상들은 주위 환경과 더불어 그들의 내면세계의 변화를 그 색채로 적지 않게 나타내"어 "두 청춘의 사랑이 무르익어갈 무렵의 의상 색깔들은 포근하고 따뜻했으며, 이별의 어려운 나날들에는 그들의 의상마저 차고 서리가 도는 느낌을 주"었고, "화면의 색깔도 작품의 이러저러한 감정 세계에 철저히 복종해야" 함을 강조했다. 또한 미술을 담당한 림홍 역시 「춘향전」을 제작하면서 "아름다움을 더욱 다양하고 풍부하게 보여주기 위해서 정열적이고 원색적인 색채들을 대담하게 썼다"고 했다.[38] 북한 정권은 막대한 자원과 인력과 기술을 동원해 「춘향전」을 제작했는데, 부족한 제작 능력을 보완하기 위해 당시 영화 기술 선진국인 체코슬로바키아와 협업했다. 이 영화도 우월한 타자의 인정을 받기 위해 과거의 전통을 이국화하고 이상화했다는 점에서 남한의 '춘향전' 영화들과 유사하다.

1960년대 냉전이 문화냉전으로 이동하면서 영화는 자국의 홍보나 선전을 위한 중요한 매체가 되었다. 또한 영화는 자국 정권이 결여한 권력의 정통성이나 정당성을 보완하는 중요한 수단이었는데, 영화가 전통 국민 문학과 같은 '진정한' 전통과 결합하면 그 영향력은 더 커졌다. '춘향전' 영화들은 1950~1960년대 남북한 모두에서 이를 달성하기 위한 중요한 수단으로 호출되었다. 이렇게 제작된 영화들은 자국민 또는 인민을 향하기도 했지만, 자국과 동질적 정치·경제·사상 체제를 갖고 있으면서 경제적 정치적 우위를 점하고 있는 국가를 향했다. 남북한 정권은 '선진국'이 개최하는 국제영화제에서 수상함으로써 자국의 역사적·문화적 역량과 이룩한 성과를 이들 타자에게 인정받고 싶었고, 이들의 인정은 손상당한 자신들의 정체성과 자긍심을 위로하는 효과를 보였다. 그리고 이들의 인정은 정권과 국가의 안위를 더 안정되게 만들어주었으며, 부정적 또는 보잘것없는 수준에 머물던 '국격'도 상대방보다 높아질 것이라고 기대했다. 즉 문화냉전 시기 영화를 통한 남북한 간의 체제 경쟁은 냉전기처럼 서로 직접 격돌하고 경쟁하는 양상으로 나타나는 것이 아니라, 자신들과 동질감이 많은 우월한 타자에게 인정받는 상징적 인정 욕구의 형태로 나타났다. 인정 욕구와 성취는 남북한 정권이 간접적으로 자신의 우월감을 드러내고, 상처받은 자존감과 자신감을 회복하는 징표가 되었다. 1960년대 남북한 '춘향전' 영화들은 이런 목적에 충실했으며, 이 때문에 조선 전통은 과도하게 이국화되고 이상화되었다.

5 나가며

조선인들이 '춘향전'을 잘 알게 된 경로는 제각각이다. 옛 서책이나 딱지본을 '읽은' 사람들도 있고, 구술된 이야기로 '들은' 사람도 있다. 혹은 1910년대 이후에 창극唱劇과 연쇄극으로 접했을 수도 있다. '춘향전' 영화는 1920년대 초반 처음 제작되었는데, 당시에는 주로 자신들이 접한 '춘향전' 이야기를 시각적으로 재확인하는 방식이었다. 이런 경향은 유성영화, 흑백영화, 컬러 영화, 시네마스코프 컬러 영화 그리고 70mm 영화로 반복 제작되는데, '춘향전'은 이런 기술적 혁신에서 항상 최전선에 위치해 있었다.

일제 시기 '춘향전'에서는 남녀 사랑 이야기는 약화

되고, 신분 계층을 초월하는 조선 민족의 단결과 민중의 고유하고 우수한 도덕과 윤리 의식 등이 강조되었다. 이는 일본 제국주의 문화와는 변별적인 한국의 역사적 전통을 드러내기 위해서였다. 이때 '춘향전'은 우리와 타자의 특성을 변별하고, 이를 통해 자신과 민족 정체성을 확인하고 강화하는 기제로 작동한다.[39] 해방 후 공간에서 '춘향전'은 다시 변화했다. 조선의 봉건적 윤리를 기반으로 한 염정 부분이 약화하고, 당시 급진적 사회 담론인 독립적이고 주체적인 여성상과 결합했다.[40] 또한 부당한 권력의 횡포에 당당하게 반항하고 저항하는 혁명적 성격이 가미되기도 했다.

춘향전은 이런 과정을 거쳐 남북한 모두에서 국민문학과 정전의 위치를 차지하게 되었고, 이 작품은 국민국가의 이미지를 형성하는 데 중요한 축이 되었다. 이 이미지는 한국인 또는 조선인의 자랑스러운 기개와 정절, 정의를 향한 열정과 불의에 맞선 저항, 신분 차별을 넘어서는 하나의 민족이라는 의미를 담고 있다. 이는 식민 경험과 한국전쟁으로 상처투성이인 남북한 모두에서 선점 또는 독점할 필요가 있는 이미지였다. 이 이미지는 역사적 정통성과 권위가 취약한 남북한 정권의 정통성과 권력과 권위를 강화하고, 자국민을 설득할 수 있는 중요한 수단이었기 때문이다.

남북한은 체제의 우월성과 정통성을 둘러싸고 이전보다 더 심한 갈등을 겪었고, 정권의 정통성과 체제의 우월성을 둘러싼 경쟁 그리고 타자로부터의 인정 투쟁도 더 심해졌다. 남한 대내적으로 정치, 경제, 사회, 문화 등 거의 모든 영역에서 사람들은 심각한 정체성의 혼란을 겪었다. 사람들이 이제는 초국가적인 성격의 영화를 통해 서구 문물, 특히 선진국의 발달한 경제와 사회, 문화를 접하면서 생각과 가치가 크게 변화했기 때문이다. 하지만 지식인들을 중심으로 반작용도 일어났다. 이들은 한국적 고유성과 전통을 강조했다. 한국전쟁 이후 주로 대미 원조와 개발 정책 덕분에 국가 재건도 본격화되었고, 경제와 기술도 점차 발전했다. 4·19혁명으로 수치스러운 독재정치도 마감시켰고, 근대화되고 부유한, 자유롭고 평등한 세상을 향한 사람들의 희망과 기대가 충만한 이 시기에 「춘향전」과 「성춘향」이 제작되었다. 이들은 자신이 성취한 성과를 홍보하고, 이를 다양한 국내외 세력에게 인정받고 싶어 했다. 당시 영화는 초국가적인 성격을 가진 거의 유일한 매체였기에 이를 위한 가장 효과적인 수단이었다. 그러므로 체제 경쟁을 치열하게 벌이는 남북한 양 정권은 이런 인정 욕구와 투쟁에서 자유로울 수 없었다. 이런 맥락에서 '춘향전' 영화들은 단지 과거 전통에 대한 향수를 자극하는 것 이상의 의미가 있었다.

'춘향전' 영화는 남북한 정권의 부족한 정통성과 권위와 권력을 보강하고 유지해주는 수단이었다. 자신의 체제가 '자랑스러운' 과거의 전통을 더 잘 계승하고 있으며, 이를 기반으로 더 우월하며, 화려한 성과를 거두었음을 홍보하고 인정받는 수단으로 이 영화들은 기능했다. 신상옥, 홍성기 감독은 자신들의 영화에서 공적 영역인 광한루와 사적 영역인 월매의 집을 이상적이고 과장되게 재현하고 있다. 건물의 규모와 크기 그리고 집안의 세간살이는 실제 이상으로 거대하고 화려하며 풍족하다. 그리고 그 안에서의 인물들의 활동은 상대적으로 주체적이며, 수평적이면서도 이상적 전통 여성상과 남성상을 벗어나지 않는다. 그리고 이들이 누리는 물질적 풍요로움은 한국전쟁으로 막대한 피해를 입은 남북한의 현실과는 괴리가 있다. 두 감독의 영화는 한민족이지만 치열하게 대립하는 북한 정권을 향해, 4·19혁명을 통해 새로운 자신감으로 무장한 남한 체제의 우월성과 역사적 정치적 정통성을 주장한다. 이를 위해 문화적 전통이 소환되고, 이상화되고, 과장된 형태로 재현되고 있는 것이다. 대외적으로는 일제 식민 통치와 한국전쟁으로 무너진 한국인의 정체성과 자긍심을 한옥의 아름다움과 규모를 통해 보여준다. 공적 공간이었던 광한루는 한국 상류 문화의 화려하고 웅장하지만 평등하고 자유로운 관계를 보여주는 반면, 월매의 집은 서민 생활의 풍요로움과 여유를 보여주기 위한 장치이다. 남북한 관계에서도, 화려하고 웅장한 광한루 그리고 '리얼리티'와는 어긋나는 커다랗고 화려한 월매의 집은 인민의 삶의 질과 정권의 정통성을 둘러싸고 벌이는 체제 경쟁에서 남한의 우월함을 제시하는 지표로 작동한다. 신상옥의 영화는 국내에서 초유의 흥행 성공을 거두었으며, 마닐라 국제영화제뿐만 아니라 많은 국제영화제에 초청되어 찬사를 받았다. 반면, 북한에서 제작한 1959년과 1980년의 「춘향전」은 국제적인 주목을 거의 받지 못했다.

급기야 1978년, 「성춘향」을 제작한 신상옥 감독과 춘향 역을 맡은 최은희를 북한으로 납치한 김정일은 전폭적인 지원 아래 북한판 춘향전「사랑, 사랑, 내사랑」(1984)을 제작하게 했다. 이를 통해 1960년대 '춘향전'이 동원된 체제 경쟁에서 남한이 승리한 것에 대해 북한 정권이 얼마나 뼈아프게 생각하고 있었는지 알 수 있다. 북한은 이 콤플렉스를 극복하기 위해 승리의 주역인 신상옥 부부를 동원해 '춘향전' 전쟁을 다시 시작했다. 체제 경쟁에서 주도권을 다시 쥐기 위함이었다. 문화냉전 시기에 '춘향전'에서 주도권을 쥐는 것은 취약한 권력의 정통성과 권위를 부분적으로나마 다시 회복할 수 있는 길이었기 때문이다.

2장

임권택 감독의 「춘향뎐」과 한옥

1 들어가며

2000년에 들어서서 한국 영화계는 국제적 인지도를 갖춘 감독과 배우를 배출하기 시작했다. 이들이 만든 영화는 이전 영화들과 달리 작품성과 대중성을 모두 갖추었으며, 세계 3대 영화제에서 수상하는 쾌거를 이루었다. 이전의 영화는 한국이라는 좁은 시장을 목표로 제작되었고, 흥행 수입은 주로 국내에서 발생했다. 하지만 임권택 감독의 「춘향뎐」이 한국 영화로서는 처음으로 2000년 칸영화제 본선 경쟁작으로 선정되었다. 이어 2년 후 임권택 감독은 「취화선」으로 감독상을 수상했다. 한국 영화사에서 「춘향뎐」은 한국 영화의 세계 진출을 알리는 작품이고, 이후 세계에서 한국 영화의 위상을 한 단계 높이는 계기가 되었다. 이를 시작으로 같은해 이창동 감독은 베니스 영화제에서 「오아시스」로 감독상을 받았다. 2004년에는 박찬욱 감독이 「올드보이」로 칸영화제에서, 김기덕 감독은 「사마리아」와 「빈집」으로 베를린과 베니스 영화제에서 감독상을 수상했다. 박찬욱 감독도 2007년 「싸이보그지만 괜찮아」로 베를린 영화제에서 알프레드바우어상을, 「밀양」의 여주인공인 전도연은 한국 최초로 칸영화제에서 여우주연상을 수상했다. 박찬욱 감독은 2009년 「박쥐」로 칸영화제 심사위원상을 수상했고, 이후 홍상수, 봉준호, 김동원 감독도 유명 국제영화제에서 수상했다. 2020년에는 봉준호 감독의 「기생충」이 칸과 아카데미 등에서 감독상과 작품상 등을 수상하며, 한국 영화의 한층 높아진 위상을 보여주었다. 한국 영화가 이처럼 급성장한 배경에는 임권택의 「춘향뎐」이 있다.

임권택 감독에서 시작된 한국 영화의 글로벌 시장 진출은 한국의 위상을 드높였다. 한국이라는 국가와 영화 그리고 문화의 위상이 높아지면서 고전 영화에 대한 관심도 자연히 커졌다. 신상옥 감독의 「열녀문」(1962)이 2007년 칸영화제의 칸 클래식 부문에 초청받은 것을 시작으로, 2008년 「하녀」(김기영, 1960), 2009년 「연산군」(신상옥, 1961)도 초청받았고, 해외 영화 관계자와 팬들에게서 좋은 반응도 얻었다. 이렇게 한국 영화의 인지도 상승과 해외 진출에 촉발제 역할을 한 영화는 「쉬리」(1997)와 「춘향뎐」(2000)이다.

임권택 감독은 「춘향뎐」이 개봉된 후 『씨네21』과 한 인터뷰에서 "영화감독이라는 것은 자기가 태어나서 자란 곳으로부터 도망갈 수 없다. 아무리 도망가고 싶어도 자기 자리로 돌아와서 결국 그 삶이 영화로 만들어지는 것이다"라고 했다. 그의 영화에서 한국인, 한국(전통) 문화, 한국 정체성 등은 중요한 화두였다. 이를 이해하지 못하면 그의 영화 세계를 이해하기 힘들다. 그는 먼 길을 돌아 드디어 「춘향뎐」(2000)에 도달했다고 자기의 영화 인생을 설명했는데, 이 영화는 그의 영화 세계를 총결산하는 느낌을 준다.

임권택은 1960년대를 '휴지와 같은 시기', 1970년대를 '동시대인에 대한 따뜻한 관심과 애정을 드러낸 시기' 그리고 1980년대를 '방황과 구도의 시간'이었다고 자신의 영화 세계를 구분했다. 임권택은 1990년대에 들어서서 우리 것의 뿌리를 본격적으로 탐사했는데, 「서편제」(1993)를 거쳐, 그의 말에 의하면 "불멸의 고전, '춘향전'"을 만난다. 그는 여기서 회귀를 경험했을 뿐 아니라 동시에 혁신을 추구한다. 「춘향뎐」은 한국 영화계를 지배하던 서구 영화미학과 문법을 상당히 털어내고, 그를 전율케 했던 판소리의 감흥으로 기존 서구의 형식적 규율을 제압하고 새로운 것을 만들려는 미학적 도전이었다. 따라서 「춘향뎐」은 임권택 영화 세계의 결산이 아니라 새 출발로도 간주할 수 있다. 그의 노력으로 탄생한 「춘향뎐」은 예상과 달리 국내에서 그다지 좋은 평가를 받지 못했고, 흥행에도 참패했다. 하지만 국제 영화계는 그의 영화 속에 담긴 참신한 형식과 내용을 후하게 평가하고 있다.

2001년, 『연합뉴스』는 임권택 감독의 「춘향뎐」이 아카데미 외국어영화상 후보작으로 유력시되고 있으며, 인기리에 미국에서 상영 중이라는 소식을 전했다. 2000년 12월 29일 미국 뉴욕에서 가장 먼저 「춘향뎐」이 개봉되어, 2001년 1월 5일까지 총 4만 달러의 수입을 올렸다. 이후 LA 서부 샌타모니카의 뉴아트 시어터에서 상영했는데, 460석 규모의 이 극장에서 일주일 동안 2만 3천 달러의 총수입을 거두었다. 이는 평소 일주일 평균 수입인 1만 2천~1만 5천 달러를 훨씬 상회하는 수치이다. 흥행 성적이 좋자, 「춘향뎐」은 웨스트 LA의 극장 세 곳으로 상영을 확대했고, 2월부터는 샌프란시스코, 시카고, 보스턴, 필라델피아, 호놀룰루 등지에서도 개봉했다. 뉴아트 시어터 담당자는 이를 두고 "관객 대부분은 한국인이었지만 미국인도 적지 않았다. 「춘향뎐」 흥행은 대성공"이라고 평가했다. 이 영화의 배급사인 '로트Lot 47'도 영화 비평가와 관객들이 「춘향뎐」을 좋게 평가하고 있으며, 이 영화 덕분에 한국 판소리에 대한 미국인의 관심이 높아졌다고 했다. 이 기사는 미국 배급사가 한국 영화 「춘향뎐」을 수입하고, 상업 극장에서 상영한 점을 이례적으로 평하면서, 한국 영화의 본격적인 미국 시장 진출 토대가 될 것으로 예측했다.[41]

「춘향뎐」 관람객의 상당수는 한인 교포였다. 그리고 이 영화가 상영된 LA 뉴아트 시어터Nuart Theatre라는 이름에서 알 수 있듯이, 이 극장은 주로 독립영화, 외국영화, 예술영화를 상영하는 곳이다. 「춘향뎐」은 미국에서 외국 예술영화로 인정받았고, 적지 않은 미국 관객도 한국 영화에 관심을 보였다. 이런 관심은 미국 배급사가 직접 수입하고 상영한 점에서도 확인할 수 있다. 그렇다면 아직 '한류'가 본격 시작되지 않은 시점에서 「춘향뎐」이 미국에서 관심을 받게 된 이유는 무엇이고, 그 영향은 어떤 것일까? 이 글은 이와 같은 의문에서 출발한다. 「춘향뎐」 영화 속에서 공적 공간인 '광한루'와 사적 일상 공간인 '월매의 집'을 중심으로 건축과 그 안에서의 활동 그리고 미장센을 살펴보겠다. 우선, 미국에서의 리뷰와 댓글을 통해 「춘향뎐」의 위상과 관객의 수용에 대해 살펴보고자 한다.

2 글로벌화와 「춘향뎐」

「춘향뎐」이 한국 영화 최초로 칸영화제 경쟁 부분에 진출한 것은 당시 국내 영화 시장 상황을 살펴보면 기적이었지만, 정작 임권택 감독은 칸영화제보다는 국제적 인지도가 상대적으로 더 높은 아카데미 수상에 더 많은 관심을 가졌다.

> 아카데미는 짜도 너무 짰어요. 하도 외면을 당하니까 욕이 나와요. 저놈들이 봉 감독에게도 그러지 않을까 걱정했지만 「기생충」이 워낙 세니까 성과가 있을 거라고 확신했어요. 그런데 저렇게 통쾌하게 휩쓸지는 몰랐죠.[42]

평론가 정성일은 지난 30여 년 동안 임권택 감독의

작품을 집중적으로 다루었는데, 「춘향뎐」이 아카데미에서 외면받는 현상을 보고 아카데미를 다음과 같이 비판했다. "아카데미상은 미국이 만들어내는 문화적 허상과 할리우드가 전 지구적으로 장악한 배급망의 토대가 서로 조응하여 만들어내는 권위 아래, 우리와 저들의 경계를 모호하게 만들면서 영화적인 타자들을 굴복시켜 온 제도적 방식이다." 그는 미국 할리우드의 욕망과 기술에 기대어 제작된 「와호장룡」은 오리엔탈리즘 영화의 전형적인 사례라고 한 반면, 「춘향뎐」에 대해서는 사뭇 다른 평가를 했다. 그에 의하면, 「춘향뎐」은 어떻게 하면 서구 영화의 전통 바깥에서 새로운 영화 화법을 찾아볼 수 있을까를 고민했으며, 연출과 촬영, 이야기, 음악, 편집, 미술 등에서 완전히 다른 모습으로 할리우드의 그림자를 지운 영화다.[43]

임권택 감독의 영화는 할리우드에서 외면받았지만, 한국 영화가 미국 시장으로 진출하는 데 중요한 초석을 놓았다. 봉준호 감독의 「기생충」이 아카데미에서 수상한 데에는 눈에 보이지 않는 임권택 감독의 영화들이 있다. 임권택 감독의 영화 중에서 2000년에 제작된 「춘향뎐」은 「쉬리」(1997)와 함께 한국 영화의 해외시장 진출의 출발점이 되었다는 평가를 받고 있다. 「춘향뎐」은 임권택 감독의 영화 중에서 후기작에 속한다. 그는 「서편제」(1993)를 통해 한국의 판소리를 국내외에 알렸고, 이 영화를 만들면서 '춘향전' 판소리 영화를 기획했다. 이 소재야말로 한국인의 정서, 특히 호남 정서를 대변한다고 생각했기 때문이다. 그는 한국인의 정서와 전통문화를 복원하고, 이를 영상에 담기 위해 많은 노력을 했고, 여기서 하나의 독특한 영화 형식이 만들어졌다. 하지만 한국의 다른 비평가들은 정성일처럼 「춘향뎐」에 대해 우호적인 반응을 보이지는 않았다.

임권택 감독은 '한국적인 것의 세계화'라는 소명 의식에 입각해 한국 관객뿐 아니라 서양 관객을 대상으로 영화를 제작했다. 그의 욕망은 국제영화제에서 처절한 비장미가 돋보이는 아름다운 한국의 이미지를 과시하는 것이었다. 하지만 역수입된 오리엔탈리즘 시선이 전제된, 박제화된 전통의 재현, 외재적 관광주의적 응시와 관음주의 시각에 불과하다는 비판을 받기도 했다.[44] 하지만 임권택 감독은 「춘향뎐」을 통해 국내외 관객에게 한국의 잊혀져가는, 또는 잘 모르는 전통문화를 알리고

자 했다. 그리고 이런 영화를 통해 한국인과 한국 문화의 저력을 세상에 보여주고자 했다. 실제로 그의 영화는 칸영화제 본선에 진출하는 것으로 작품성을 입증했고, 이 영화의 인기는 일부 영화제 수상작들과 달리 서구에서 현재까지 지속되고 있다.

영화의 우열이나 가치를 평가하는 것은 불가능하지만, 온라인 독립영화 사이트 'THEY SHOOT PICTURES, DON'T THEY?'(이하 TSPDT로 칭함)[45]는 영화를 평가하는 좋은 기준이 된다. 이 사이트는 전 세계 비평가와 영화 관련인들의 글들을 토대로 전 세계 영화들을 평가하는데, 다수의 영화 전문가나 저널리스트는 이들의 평가를 중요한 판단 자료로 삼고 있다. TSPDT가 2020년에 발표한 자료에 의하면, 「춘향뎐」은 '21세기 최고의 찬사를 받은 영화 1000편The 21st Century's most acclaimed films' 순위에서 726위를 차지했다.[46] '21세기 최고의 찬사를 받은 영화'는 2000년부터 개봉된 영화를 영화 비평가들의 비평문과 투표를 통해 순위를 정한다. 2020년에는 전세계 3,573명의 비평가가 이에 참가했다.

2008년부터 공개 중인 이 리스트에서 「춘향뎐」은

2009년에 처음으로 순위에 올랐다. 2020년 현재 한국 영화는 총 26편이 올라 있고, 「춘향뎐」은 이들 영화 중 19위이다. 「괴물」(144위)과 「올드보이」(245위)는 2008년부터 이 리스트에 올라갔다. 그다음 해에는 「춘향뎐」이 처음 231위에 진입했으며, 3편의 한국 영화도 순위권에 들어갔다. 「괴물」과 「올드보이」는 계속 순위가 높아진 반면 「춘향전」은 2014년까지 250위권 밖으로 밀려났다. 2015년 영화가 1000편까지 확대되면서 「춘향뎐」은 다시 407위로 진입했고, 이후 2016년 418위, 2017년 435위, 2018년 512위 그리고 2019년에는 564위로 점차 순위가 완만하게 낮아지고 있다. 국내에서 흥행에 실패한 영화가 개봉된 지 9년이 지나서도 순위권 안에 머물러 있고, 더욱이 리스트가 확대된 2015년 이후 매년 50~60편의 영화가 새로 순위 리스트에 진입하고 있는데도 계속 순위권에 남아 있는 것은 이례적인 현상이다.

TSPDT의 순위는 종종 각 국가의 영화적 영향력을 측정하는 기준이 되기도 한다. 2008년 2편의 한국 영화가 이 리스트에 진출하자, 한국의 미디어는 이를 집중 보도했다. 2020년 현재 이 리스트에 등록된 1,000편의 영화들을 국가별로 구분하면, 미국이 415편으로 가장 많다. 2위는 '영화의 나라' 프랑스로 121편이고, 영국이 97편으로 그 뒤를 잇는다. 4위는 26편으로 한국인데, 2008년 2편이었던 것을 감안하면 커다란 도약이다. 5위는 독일(25편)이고, 일본과 스페인(각 22편), 중국(21편), 이탈리아(19편), 포르투갈(14편), 아르헨티나와 이란(각 13편)이 그 뒤를 잇는다. 상위 10개국 중에서 2020년에 가장 많은 영화를 새로 리스트에 진입시킨 나라는 한국과 포르투갈(각 5편)이고, 그 뒤를 중국(3편)과 영국(2편)이 잇는다.

이 리스트에 등재된 국가 중에서 국가 간 합작 형태로 영화를 제작하는 경우가 많은데, 한국 영화는 주로 국내 자본과 인력으로만 제작되기 때문에 리스트의 숫자보다 더 많은 영향력을 갖는다. TSPDT는 2020년 리스트를 발표하면서 이례적으로 한국 영화의 강세를 언급했다. 이 사이트는 2020년 주목할 만한 사실로, 새로 진입한 55편 중 봉준호 감독의 「기생충」 외에 5편이 한국 영화라는 점을 들었다. 한국 영화의 약진에 전 세계 영화인들이 주목한 것이다.

메타크리틱Metacritic[47]이나 로튼 토마토Rotten Tomatoes[48]를 통해서는 주요 영화에 대한 서구, 특히 미국에서의 평을 더 자세하게 살펴볼 수 있다. 이들 사이트는 해당 영화에 대한 전문가와 관객의 평점과 리뷰를 공개하고 있다. 전문가 리뷰는 대부분 주요 일간지나 전문지에 이미 게재되었던 글인데, 영화에 대한 전문가의 시각과 평을 알 수 있다. 이에 반해 관객인 유저의 평점과 리뷰는 일반인과 영화 애호가의 시선과 평가를 보여준다. '메타크리틱'에 의하면, 24명의 전문가가 「춘향뎐」 리뷰에 참가했고, 평점은 100점 만점에 79점이다. 유저의 평점은 10점 만점에 7.6점이고, 대부분의 사람들은 긍정적인 반응을 보였다. 「춘향뎐」의 전문가와 유저 평점이 어떤 의미를 가지고 있는지를 이해하기 위해 다른 영화들과 비교하면 다음과 같다.

한국 영화들 중에서 가장 높은 TSPDT의 순위는 「올드보이」인데, 이 영화의 전문가 평점은 77점으로 「춘향뎐」보다 2점 낮고, 유저 점수는 8.6점으로 「춘향뎐」보다 1점 높다. 이를 통해 「올드보이」는 유저들이 좋아하는 영화인 반면에 「춘향뎐」은 전문가들이 좋아하는 영화라는 사실을 알 수 있다. 「살인의 추억」의 경우 전문가 평점은 82점으로 「춘향뎐」보다 3점 높고, 유저 평점도 8.4점으로 0.8점 높다. 「살인의 추억」은 「춘향뎐」

보다 전문가와 유저 모두 더 높이 평가하고 있다는 사실을 알 수 있다. TSPDT의 순위에서 2008년부터 부동의 1위를 차지하고 있는 영화는 「화양연화花樣年華」인데, 전문가 평점은 85점으로 「춘향뎐」보다 0.6점 높고, 유저 평점은 7.7점으로 0.1점밖에 높지 않다. 이상의 사실을 종합해볼 때 「춘향뎐」이 개봉한 지 9년이 지난 후에 TSPDT의 순위에 진입한 것이 이례적이고, 매년 50~60편의 영화들이 새로 제작된 영화들에 의해 교체되지만, 순위권에 계속 남아 있는 사실도 이례적이다. 로튼 토마토와 메타크리티틱의 리뷰를 살펴보면, 이 영화가 서구 관객에게 어떻게 수용되고 있는지를 어느 정도 파악할 수 있다.

「춘향뎐」이 판소리를 기반으로 만들어진 영화인 점을 전문가들은 높이 평가하고 있다. "뮤지컬이나 오페라를 좋아하는 사람은 이 영화를 좋아할 것인데, 조상현의 독특한 음색과 가창력은 외국인에게 낯설지만 흥미롭고 특색 있기 때문"이라는 리뷰가 대표적이다. 하지만 이런 낯선 형식과 내용에 대한 부정적인 목소리도 있다. "판소리가 매우 흥미로운 것은 사실이지만 이를 이해하기 위해서는 커다란 다문화적 맥락을 넘어야

한다"는 주장이다. 앤디 클라인Andy Klein은 "문화적으로 편협하고 간 보기만 하는 미국인들도 이런 독특한 형식의 영화를 통해 판소리의 세계로 진입할 수 있을 것"이라고 했다. 이처럼 미국의 다수 영화 비평가들은 판소리를 영화에 편입해 넣은 독특한 형식에 대해 높은 평가를 하고 있다. 켄 폭스Ken Fox는 "판소리 템포에 맞춰 촬영하고 편집된 이 영화의 맛과 리듬은 분명히 한국적인 것"이라고 했다.

하지만 영화 애호가 또는 일반 관객인 유저는 이런 형식에 대해 그다지 호의적이지 않다. 대부분의 경우 "판소리로 인해 영화의 흐름이 끊긴다"거나 "독특한 고음의 조상현 명창의 판소리가 거슬린다"거나 또는 "내용을 이해하기 어렵다"는 댓글이 달렸다. 판소리에 대한 전문가와 유저의 평가가 상반되는 반면에 이 두 그룹 모두 높이 사는 점이 있다. 아름다운 영상미와 다채로운 색채, 화려하고 이국적인 영화적 세팅이다.

『시카고 리더Chicago Reader』의 패트릭 맥개빈Patric Mcgavin은 "황홀할 정도로 아름답고 서정적으로 눈부신 작품으로서 시각적 상상력, 능숙한 스토리텔링, 화려한 시대적 디테일은 친숙한 소재를 수준 높은 예술로 변형시켰다"[49]라고 평했다. 『워싱턴 포스트』의 데슨 하우Desson Howe는 "무엇보다 「춘향뎐」은 시각적 즐거움으로 떠들썩하며, 한복의 아름다움과 관습 그리고 국민성을 보여준다. 등장인물의 삶의 방식이 현란하게 펼쳐진다. 임권택 감독의 영화 스타일은 유동적이고 역동적이다"라면서 "한국 문화에 대해 깊이 알지 못한다면 이런 것들을 결코 본 적이 없을 것"[50]이라고 했다. 엘비스 미첼Elvis Mitchell은 "「춘향뎐」에서의 세트와 의상의 호화로움은 어린아이가 누리는 눈요기의 즐거움과 같다"[51]고 했다.

「춘향뎐」에 대한 전문가들의 긍정적 반응은 임권택의 입을 통해서도 확인할 수 있다. 그가 텔룰라이드 영화제에 초청받았을 때 실험 영화계의 대부인 스페인 감독과 콜로라도 주립 대학의 유명 교수가 「춘향뎐」을 보고 임권택 감독을 만났다. 이들은 "세계 유명 고전이 많은데 「춘향뎐」도 그런 명작의 하나다"[52]라는 찬사를 보냈다. 임권택 감독 면전에서 한 말이라서 어느 정도 외교적 언사인지는 모르지만, 귀한 시간을 따로 내서 만나러 온 것을 보면 꼭 그런 것만은 아닌 것 같다. 이들의 눈에는 임권택 감독의 실험적인 형식과 내용, 독특한 영상미가 인상적이었던 것 같다. 그렇다면 서구 영화 전문가와 애호가들이 「춘향뎐」에서 어떤 점을 인상적으로 받아들였는지 심층적으로 이해하기 위해 영화 속 광한루와 월매의 집 등을 중심으로 살펴보자.

3 「춘향뎐」의 한옥 재현

임권택 감독은 근대 이전 시기의 전통을 영화로 복원하고 재현했다. 그는 음악, 회화, 서예, 건축 등 다양한 전통 예술을 활용해서 내용이나 소재뿐 아니라, 주제 의식을 구현하고 내용을 구체화했다. 그는 한 강연에서 이 이유를 다음과 같이 설명하고 있다. 나는 "한국의 문화를, 멋과 혼을 팔아먹는 감독이라는 생각이 든다. 세계인들이 한국의 문화를 보며 감동을 받을 때 그동안 영화에 대한 노력이 헛되지 않았음을 느낀다"[53]라고 했다.

> 판소리 자체가 인물의 감정을 워낙 충실히 전달하니까, 특별히 심경 묘사를 할 필요가 전혀 없었는데, 나는 자꾸 옛날 방식에 끌리는 거야. 지금까진 연기자의 마음

을 쫓아가면서 영화 찍잖아. 그런데 이런저런 장치로 심리를 표현해야 되는데, 우리는 창을 한 거잖아. 춘향이 곤장 맞는 십장가 장면이 어려웠어. 기품 있던 처자가 곤장 맞으면서 갑자기 일자로 아뢰리다, 이자로 아뢰리다 하면서 판소리 투로 대사를 하거든. 옛날 같으면 춘향이의 고통스러운 표정 연기를 시켰을 거야. 실제로 그렇게 만들고 싶은 유혹이 늘 따라. 결국 내가 택한 건 이렇게 큰 관료 사회 앞에서 춘향의 저항이 얼마나 부질없는 짓인가를 보여주고, 전체적으로는 판소리의 리듬으로 가는 방식이었어. 그래서 춘향이를 정면으로 잡지 않고 뒤에서 동헌 전체를 잡은 거야. 이게 어색할 수도 있지만, 난 결국 판소리의 흥을 살릴 수 있다면 드라마로는 어색해도 된다고 생각하고 밀어붙인 거야. 이게 안 통했으면, 난 완전히 망하는 거야.[54]

역사와 전통은 시대의 필요와 요구에 따라 소환되고 재구성되는 경향이 있다. 임권택 감독은 한국 문화의 정체성을 확인하고, 국내외 사람에게 한국 문화를 알리고, 경험시키려는 욕망이 컸다. 또한 그는 전통에 부합하는 영상미학을 개발하고 이를 영화에 접목하려고도 했는데, 이는 독창적이고 실험적인 방법으로 인정받았다.[55] 임권택은 전통을 영화적으로 재현하는 데 엄격한 역사적 고증을 중시했고, 이는 한국의 전통적 미를 표현하는 데 새로운 차원을 열었다는 평가를 받았다. 그의 97번째 영화인 「춘향뎐」은 내용적·형식적 측면에서 정점에 있는 작품이라고 평가받는다. 이 영화의 특징은 호남 전통 판소리를 시각적으로 표현하는 데 있다. 김세종제류의 판소리를 조상현 명창이 공연하는 내용에 맞추어서 지리산의 사계절 풍경과 조선의 대표적인 누원인 남원 광한루원을 세밀하게 담아냈다. 또한 그는 조선 시대 기층민들의 삶과 문화를 사실적으로 담아내기 위해 월매의 집과 서민의 주거 공간을 남원 광한루원 인근에 조성하고 여기서 촬영했다.

이 장에서는 '춘향전' 이야기의 주요 무대가 되는 광한루원과 월매의 집을 중심으로 전통 건축, 실내장식 및 다양한 전통적 요소 그리고 이 공간에서 이루어지는 인물의 활동 등을 종합적으로 분석하고자 한다. 임권택 감독이 이해하는 한국 또는 호남 지역의 전통이 이 공간들을 통해 어떻게 재현되고 있는지를 살펴볼 것이다.

임권택 감독이 「춘향뎐」을 제작하기 전에도 23편의 '춘향전' 영화들이 있었는데, 그는 이전의 영화들에 대해 그다지 호의적인 태도를 보이지 않았다. 가장 큰 이유로는 한국 또는 호남의 정서를 제대로 담아내지 못했다는 점을 들 수 있지만, 또 다른 이유는 당시의 역사적 사실을 충실하게 반영하지 못했다는 점이다. 그는 이 점에서 새로운 영화적 소명 의식을 느꼈고, 이는 엄격한 고증으로 이어졌다.

> 연출부는 임 감독에게서 또 하나의 중요한 지시를 받아두었다. 고증은 철저히! 임 감독은 세부의 리얼리티가 허술한 걸 견디지 못하는 사람이다. 「서편제」에서 떠돌이 의붓 오누이의 옷에 구김 자국, 땟자국 하나 없는 대목을 보면 아직도 부끄러워 도망가고 싶어 한다. 연출부의 일은 춘향전의 시대적 배경인 조선 숙종 때 생활상에 관한 자료를 남김없이 찾아내는 것. 고증은 끝이 없다. 의상, 음식은 물론이고, 곤장의 재질, 동헌 사령의 자세, 도깨비불의 색깔까지. 도서관 뒤지고 민속학자, 한학자 찾아다니며 자문 구하는 일은 촬영 종료하는 날까지 멈추지 않았다.[56]

임권택 감독은 영화의 작품 배경이 되는 지역과 공간

을 직접 찾아보고 기록함으로써 그 지역의 전통적인 아름다움을 담아냈다. 영화 「춘향뎐」은 지리산 풍광과 광한루원을 중요하게 다루었다. 광한루원은 실제 원형 공간이 상당 부분 보존되거나 복원되어 있었기 때문에 「춘향뎐」의 주요 장면들을 촬영할 수 있었지만, '춘향전'에서 광한루보다 더 중요한 역할을 하는 관아는 사라져서 존재하지 않았다. 그는 광한루 인근에 세트장을 짓는 것으로 이 문제를 해결했고, 폭넓은 고증을 통해 이 관아 건물을 건설했다.

> 「춘향뎐」의 원형 옥사와 몽룡이 탄 아시아 나귀는, 잘 보이진 않지만 연출부의 진한 땀이 밴 고증의 결실이다. 원형 옥사는 임 감독의 "내가 어릴 때 본 감옥은 TV에 나오는 네모반듯한 게 아냐. 둥근 거야"라는 증언에 따라 갖가지 자료를 뒤진 끝에 1900년대 초 둥근 공주 옥사 사진을 찾아내 고증한 것. 이몽룡이 타는 나귀는 '서산 나귀'라는 구절의 '서산'이 아시아 지역을 뜻한다는 것을 알고 수소문 끝에 벽제에서 찾아낸 귀한 아시아 혈통 나귀. 나귀(그의 이름은 삼돌이)는 나중에 사고도 치고 지지리 애도 먹이지만 「춘향뎐」에서 없어선 안 될 귀한

존재가 된다.[57]

하지만 모든 촬영을 여기서 하기에는 역부족이었기 때문에 한국민속촌에서 부족한 장면을 촬영했다.[58] 임권택 감독은 한국 전통 공간과 건축의 엄격한 재현을 위해 월매의 집도 지었다. 현재 이 건물들은 춘향테마파크 시설의 일부이며, 지역민과 관광객의 주요 관광지이다. 임권택 감독은 월매의 집 고증에 특히 어려움을 겪었다. 광한루처럼 실재하지 않는 데다 남원의 퇴기 집에 대한 전문가들의 의견이 통일되지 않았기 때문이다. 이전의 '춘향전' 영화들은 월매의 집을 대체로 조선 시대 상류층 주거 공간으로 표현했다. 임권택 감독은 "고증을 받아봐도 춘향은 기와집에 살지 않았다. 어머니 월매가 퇴기인데 뭐 그렇게 잘살았겠나. 사실감을 높이기 위해 문짝과 돌담도 전부 폐가에서 떼어다 붙였다"[59]라고 했다.

임권택 감독은 「서편제」를 제작할 당시보다 더 사실적 재현을 중시했는데, 이는 사라져가는 한국 전통문화의 중요성과 의미를 사람들에게 알려야 한다는 강한 의무감에서 나온 행동이다. 이 때문에 「춘향뎐」은 18세기 조선 사회, 특히 건축과 공간 그리고 그 안에서의 일상

생활과 공적 생활을 종합적으로 이해하는 중요한 교육의 장이 될 수 있다.

임권택 감독은 건축과 공간을 엄격한 기준에 의해 사실적으로 재구성하는 것에 그치지 않았다. 그는 이렇게 재구성한 내용을 걸맞은 방식으로 시각적으로 재현하는 것도 중시했다. 「춘향뎐」의 구성과 진행은 일반적인 서사 영화적 방식과 확연히 차이를 보인다. 이전의 '춘향전' 영화들은 단계적으로 구분되는 시퀀스들에 의해 구성된다. 하지만 임권택의 「춘향뎐」은 판소리의 현장인 외화外話 안에 판소리 「춘향가」의 내용에 해당하는 내화內話가 위치함으로써 프레임 안의 프레임 구조를 가진다. 또한 핵심 이야기에서 큰 비중을 차지하지 않는 사건이나 인물의 행위라도 판소리의 매력을 담을 수 있는 부분은 장면scene을 늘이거나 촬영 비중을 높였다.[60] 이는 방자가 춘향이를 부르러 가는 장면에서 가장 잘 드러난다. 다른 '춘향전' 영화에서는 방자가 춘향을 부르러 가는 장면을 간략하게 하거나 별다른 의미를 부여하지 않았다. 하지만 임권택은 2분에 걸쳐서 방자의 걸음걸이와 판소리 장단을 유기적으로 결합해서 장면을 구성했는데, 이 장면은 아름다운 자연 속에서 살아가는 한국인 고유의 흥과 해학을 드러낸다. 그는 이 장면을 한국 또는 조선 미학의 정수로 생각하고, 이 부분의 재현에 많은 공을 들였다. 이처럼 영화 「춘향뎐」은 한국의 전통적인 소리 「춘향가」의 리듬과 흐름에 따라 프레임의 설정, 촬영 방식, 숏의 길이, 컷의 분할, 편집, 사운드 등이 정해졌기 때문에 한국의 새로운 영상미학을 시도한 작품으로 인정받는다. 이 영상미학은 프레임 속 인물의 동작, 대사, 위치 등 연기 연출 전반에도 영향을 미친다.

> 「춘향뎐」에선 아름다운 한국적인 색을 마음껏 표현하겠다는 생각을 처음부터 했다. 소품과 의상까지 본래의 색을 최대한 선명하게 잡겠다는 생각이었다. 낮은 톤을 버리고 우리 색의 느낌이라면 극단적으로 화려해보자는 것이었다. 필터도 코럴파스칼을 특별히 주문해서 썼다. 그것도 모자라서 필터 3, 4개를 겹쳐서 썼다. 색감을 충분히 드러내기 위해, 흐린 날 촬영은 거의 피했다. 「춘향뎐」의 색이 토속적이면서도 화려하고 인공적인 느낌이 든다는 사람이 있는데, 그런 느낌을 줬다면 난 만족한다.[61]

임권택 감독이 「춘향뎐」에서 특히 중시한 것은 한국

의 자연과 건물 그리고 사람들이 가지고 있는 빛과 색이었다. 그는 고유한 전통 색을 충실하게 드러내기 위해 여러 가지 시도를 했다. 흐린 날에는 촬영을 피했고, 원색의 화려함을 드러내기 위해 이전에는 전혀 이름조차 들어보지 못한 코럴파스칼 필터를 여러 개 겹쳐 사용하기도 했다. 이 덕분에 영화 속의 건물과 공간, 의상 등이 매우 선명하고 다채로운 색으로 재현되고 있는데, 이는 우리가 보통 만나는 일상적인 색과는 상당히 다르다.

광한루원

임권택 감독의 「춘향뎐」에서 광한루원은 매우 큰 비중을 차지한다. 이 영화는 판소리 「춘향가」의 이야기 구조를 축약해서 따르는데, 영화 초반은 광한루원을 배경으로 약 15분 정도 지속된다.[62] 이중 약 4분 정도는 '적성가赤城歌'[63]에 맞춰 남원 주변의 풍광과 경치를 다양한 앵글과 숏으로 담아낸다. 웅장하고 아름다운 지리산의 풍광을 롱 테이크와 풀숏으로 담아내는데, 이는 한국 사람의 삶과 건물 그리고 공간은 이런 한국의 고유한 자연환경과 관계 속에서 만들어진 것임을 상징적으로 이야기 한다. 이런 점에서 임권택은 한국의 전통을 종합적인 시각에서 바라보고 있음을 알 수 있다. 자연조건 속에 존재하는 광한루도 역시 수령의 공덕비와 오작교 그리고 광한루원의 여러 인공물과 함께 그려진다. 신상옥의 「성춘향」, 홍성기의 「춘향전」과는 커다란 차이를 드러낸다.

「춘향뎐」에서 광한루원은 한국을 대표하는 건축물의 하나이자 아름다운 자연을 품은 공간이며, 선인들이 꿈꾸었던 이상적 공간의 모습으로 재현된다. 영화 후반에 광한루는 다시 큰 비중을 차지하는 장소가 된다. 몽룡이 어사가 되어 광한루를 다시 찾고, 사또는 자신의 생일연을 여기서 연다. 임권택은 이 장면에서 조선 시대 양반 및 관료들의 풍류와 놀이를 화려하게 담아낸다. 13분 정도 지속되는 후반부의 광한루 장면은 다양한 소품과 인물들의 화려한 움직임 때문에 영화 초반의 모습과 다른 느낌을 준다. 한국 전통 건물 또는 장소가 가진 다중적 의미와 역할을 보여줌으로써 이전 영화와의 차별성을 지닌다.

자진모리 장단에 맞춰 단옷날 풍경을 재현한 장면 (1)

자진모리 장단에 맞춰 단옷날 풍경을 재현한 장면 (2)

‘적성가’의 시각적 재현

소설 『춘향전』에서처럼, 영화 「춘향뎐」도 방자의 입을 통해 광한루가 처음 언급된다. 하지만 영화 속에서 이 장면은 판소리의 ‘아니리’ 형식을 취하는 데서 차이가 있다. ‘아니리’는 장단이 없는 상태에서 관객에게 설명하듯이 대사를 읊조리는 방식으로, 판소리의 구성 요소 중 하나다.

> 방자 도련님 말씀이 그리 허옵시면 대강 아뢰옵지요. 북문 밖을 나가오면 교룡산성 대부암이 좋사오며, 서문 밖은 선원사요, 동문 밖은 관악묘가 볼만하고, 남문 밖을 나가오면 광한루, 오작교, 영주각이 있사온디, 사람들이 이르기를 삼남에서 제일가는 명승지라 허구마니라.
>
> 몽룡 네 말을 들으니 광한루가 제일 좋을 듯싶구나. 어서 나갈 채비를 하거라.

이런 소리는 ‘광한루 구경 나가서 경치를 보는 대목’으로 이어지는데 여기서는 판소리 조상현 명창의 소리와 함께 단옷날 풍경이 펼쳐진다. 이 장면은 빠른 속도의 자진모리 장단에 맞춰 등자를 딛고 나귀에 올라타는 몽룡의 모습을 시작으로 책방, 남문, 장터, 시정, 풍물패, 씨름판, 광한루의 현판, 적성산, 광한루, 오작교, 삼신각, 시화 중인 양반과 기생, 그네뛰기 장면으로 구성된다. 이 장면은 관객으로 하여금 조선 후기 남원의 건축 구성과 단옷날 평민의 생활 모습을 이해하게 해준다. 2분 20초짜리 장면에는 담긴 내용이 많고 복잡한데, 자진모리의 빠르기 장단에 맞춰 내용이 진행되고, 장단만큼이나 빠르게 숏이 전환된다.

위의 장면이 광한루를 둘러싼 사회적·자연적 환경을 보여주는 역할을 한다면, 이어지는 장면은 좀 더 자세하게 광한루를 보여준다. 광한루원에 도착한 몽룡이 말에서 내리는 장면으로 시작하면서 광한루의 전체 구조와 내부 공간을 보여준다. 카메라는 몽룡의 시선을 따라 움직이는데, 그는 광한루 입구에 들어서서 계단을 오르고, 다음에는 광한루원 내부에 걸린 편액과 시문을 본 다음, 멀리 누 밖으로 시선을 옮긴다. 몽룡의 집에서 광한루에 이르는 길의 장면이 빠르고 역동적인 방식으로 처리된 반면, 광한루에서의 장면은 롱 테이크로 처리된다. 이를 통해 광한루는 저잣거리와 다른 장소성을 가진 공간, 즉 풍류와 여유 또는 휴식 장소라는 사실을 보여준다. 또한

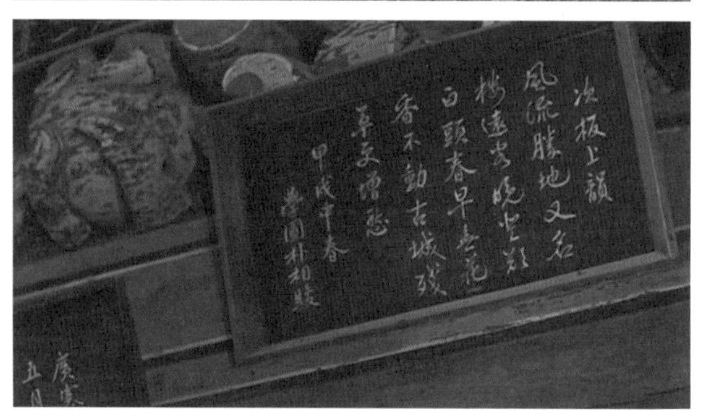

새소리와 함께 롱 테이크로 보여주는 광한루 장면 (1)

새소리와 함께 롱 테이크로 보여주는 광한루 장면[64] (2)

롱 테이크와 풀숏으로 담아낸 지리산의 풍광.

이 장면에서 관객이 들을 수 있는 사운드는 오직 새소리뿐인데, 이는 광한루가 세속의 공간이 아님을 암시하는 것이다. 이 장면에서 보이는 광한루의 모습은 앞서 본 세속 건물들과 다르게 상대적으로 웅장하고 기품이 있다.

이 장면은 「춘향가」 중에서 '적성가' 장면으로 이어진다. 진양조 장단의 '적성가'는 판소리 중 가장 느린 장단인데, 판소리의 악조 중 우조羽調와 결합하면서 중후하고 웅장한 느낌을 준다. 우조는 남성적이고 영웅적인 인물을 묘사하거나 대자연의 정경을 표현할 때 주로 사용된다. '적성가', 진양조 장단 그리고 우조가 결합하면서 지리산과 광한루 그리고 오작교에 중후하고 웅장한 느낌이 덧입혀지는데, 임권택 감독은 이 리듬과 음율에 따라 숏을 배치하고 연결하고 있다.

> 적성의 아침 날의 늦인 안개 띠어 있고, 녹수의 저문 봄은 화류동풍 둘렀난디, 요헌기구하최외난 임고대를 일러 있고, 자각단루분조요난 광한루를 이름이로구나. 광한루도 좋거니와 오작교가 더욱 좋다. 오작교가 분명허면 견우직녀 없을쏘냐? 견우성은 내가 되려니와 직녀성은 뉘라서 될고? 오날 이곳 화림 중에 삼생연분 만나볼까?
>
> 「춘향가」 중 '적성가'

임권택 감독은 '적성가' 소리와 함께 한국의 자연과 한옥의 아름다움을 상징적으로 표현한다. 몽룡이 읊은 '안개 낀 적성산'에서는 구름과 어우러진 지리산의 웅

광한루의 육중한 건물을 떠받치고 있는 화강석 기단.

장하고 신비로운 자연을, '녹수의 저문 봄'에서는 진달래꽃으로 뒤덮인 화려하고 아름다운 산자락을 보여준다. 그리고 이 장면을 더 강조하기 위해 익스트림 롱숏과 롱 테이크가 사용되었다. 지리산 장면이 광한루의 입지를 알려주는 역할을 한다면, 광한루 장면은 한옥의 조

누각 내부의 트인 공간과 자연 풍광.

형적 특성을 드러내는 데 집중한다. 한국의 미를 연구하는 학자들은 한국 전통 건축의 조형적 특징을 인위적인 꾸밈이 드러나지 않는 자연의 미, 대자연의 질서와 조화로움으로 설명한다. 연속적이고 개방적인 한옥의 내부 공간은 간결한 색과 선의 유기적 연결을 통해 독창적인

'적성가' 소리에 맞춰 재현된 남원의 풍경과 광한루원 장면.

패턴과 조형의 아름다움을 보여준다고 했다.[65] 임권택 감독은 이러한 한옥의 조형성을 다양한 숏과 카메라 워킹을 통해 재현한다.

「춘향뎐」은 광한루의 육중한 건물을 떠받치고 있는 화강석 기단의 모습을 풀숏으로 촬영하는데, 점차 카메라가 천천히 위로 향하면서 누각 내부의 넓게 트인 공간을 화면 가득 담고, 이후 기둥과 기둥 사이로 보이는 자연의 풍광까지 하나의 프레임으로 보여준다. 그리고 익스트림 롱숏으로 광한루와 누각 앞의 연못, 연못 위에 놓인 오작교를 보여줌으로써 광한루를 둘러싼 주변 공간을 풍경화처럼 펼쳐 보인다. 하나의 프레임에 광한루와 오작교를 함께 보여주고, "광한루도 좋지만 오작교가 더욱 좋다"라는 소리 후, 오작교 장면으로 연결한다. 오작교는 몽룡의 시선에서 표현되는데, 물에 비친 오작교를 시작으로 오작교 건너편의 그네 터로 향하는 여인들의 모습을 아주 느린 카메라 움직임으로 보여준다. 판소리 '적성가' 대목에서 보이는 이러한 광한루원 시퀀스는 한옥의 조형미와 '한국의 미'로 상징되는 요소들을 압축해서 재현하고 있다. 관객은 이 장면을 통해 전통 누정의 환경과 건축적 구성 그리고 세부적인 아름다움을 자연스럽게 느끼게 된다.

'적성가' 소리가 끝나면, 몽룡과 방자가 누각 상층 한쪽에 자리를 잡고 술자리를 마련하는 장면으로 연결된다. 이 장면은 건물 안에서 이루어지는 사람들 간의 상호작용을 보여주는 역할을 한다. 임권택 감독은 누정에

화려하고 정교하게 재현한 찬합과 목합.

서 벌어진 조선의 풍류와 양반 놀이 문화를 재현하기 위해 많은 공을 들였다. 야외로 풍류를 즐기러 나온 몽룡의 나들이용 도시락은 4층의 서랍형 찬합饌盒과 술병을 넣을 수 있는 목합木盒이다. 찬합과 목합의 화려함과 정교함 그리고 고급스러움은 단연 관객의 감탄을 자아

광한루에서 펼쳐진 양반의 놀이와 풍류 장면.

낸다. 몽룡 일행 뒤쪽에서는 양반과 기생이 어울려 시를 짓고 그림을 그리며 단오의 봄날을 즐긴다. 이 장면은 신윤복의 그림을 연상케 하는데, 실제로 임권택 감독은 이 장면을 구성하기 위해 많은 전문가의 자문과 풍속화를 참고했다. 이 장면은 한옥의 빼어난 조형적 특성을 좀 더 미시적으로 보여주는데, 그것은 대청이나 누각에 설치하여 접어 열 수 있게 만든 분합문分閤門 이다. 영화는 광한루의 분합문을 통해 전통 건축의 특성을 자연스럽게 보여준다. 분합문은 문을 접어 처마 밑에 설치된 들쇠에 고정해 내부와 외부의 공간을 연결하고, 자연 풍광을 고스란히 누각으로 담아내는 역할을 한다. 서양에는 없는 이 분합문은 한옥의 장점이면서 아름다움으로 언급된다.

권위와 놀이 문화의 재현

영화 「춘향뎐」의 초반에서 광한루는 '적성가'의 노랫말을 시각적으로 재현하며, 한국의 자연 풍경 그리고 선비의 사상과 기품을 담았다. 이런 광한루의 기능과 역할은 영화 후반에서 변한다. 광한루원은 사또의 생일잔치가 펼쳐지는 화려한 연회 장소이자, 어사가 된 몽룡이 사또와 그 일행을 응징하는 장소로 재현된다. 이 영화는 판소리의 빠른 장단인 자진모리와 휘모리에 맞춰 이 모습을 역동적이고 입체적으로 보여준다. 임권택 감독은 악樂, 가歌, 무舞와 음식 및 소품, 인물들의 동선 및 연회

광한루에서 열린 사또의 생일 연회 장면.

절차까지 고증받아 재현했기 때문에, 광한루 공간에서 재현한 조선 시대 연회는 상당히 사실적이다. 이 연회를 통해 한국 전통문화의 화려함과 기품이 표현된다.

이튿날 평명 후의 본관의 생신잔치 광한루 차리난디,

매우 대단허구나! 주란화각은 벽공에 솟았난디 구름 같은 차일장막 사면에 둘러치고, 물색 좋은 청사 휘장 사면에 둘러치고 홍사우통, 청사초롱, 밀초 꽂아 연도마다 드문드문 걸었으며, 용알북춤, 배따라기, 풍류헐 각색 기계 다 등대허였으며, 기생, 과객, 광대고인 좌우로 벌였난디, 각 읍 수령이 들어온다.

「춘향가」 중 자진모리 '신관 사또 생일잔치' 대목

겸영장 운봉 영장, 승지당상 순천 부사, 연치 높은 곡성 현감, 인물 좋은 순창 군수, 기생치리 담양 부사, 자리호사 옥과 현감, 부채치리 남평 현령, 무사헌 광주 목사, 미포 걱정 창평 현령, 다 모두 들어올 제, 별련 앞에 권마성, 포꽉 뛰어 폭죽소리, 일산이 팟종지 배기듯 허고, 행차 하인들은 어깨를 서로 가리고, 통인 수배가 벌써 저의 원님 찾느라고 야단이 났구나!

「춘향가」 중 휘모리 '신관 사또 생일잔치' 대목

'신관 사또 생일잔치' 대목은 빠른 속도의 자진모리 장단에 맞춰 섬세하게 연출된다. "구름 같은 차일장막 사면에 둘러치고, 물색 좋은 청사 휘장, 사면에 둘러치

광한루원 월랑 서측 전경

고……" 대목에서는 흰 장막이 광한루의 팔작지붕 아래로 물결치듯 둘러쳐 있고, 광한루 둘레로 남색 천이 둘러져 행사장의 내외부가 구분되며, 행사장 주변의 청사초롱은 연회의 화려함을 더한다. 행사장 주변으로는 갓을 쓴 도포 차림의 양반들로 북적인다. 약 30초 정도의

광한루 월랑을 통해 입장하는 수령들과 행사를 준비하는 기생의 모습.

이 롱 테이크 장면은 풀숏으로 재연된다. 이어 카메라는 "기생, 과객, 광대고인 좌우로 벌여난디, 각 읍 수령이 들어온다"는 대목에 맞춰 광한루 내부로 들어간다.

이전의 장면이 축제 때 광한루의 외관을 보여준다면, 다음 장면은 축제 때 광한루의 내부 모습을 보여준다. 광한루 상층에서는 가채를 높이 올리고 화려한 한복을

사또의 생일잔치.

입은 기생들이 잔치에 초대된 손님들을 맞이하며 분주하게 움직이는 느낌을 전달하기 위해 자진모리 장단이 사용된다. 이어서 광한루 상층으로 입장하는 각 읍 수령들이 호명되는데, 휘모리장단[66]에 맞춰 "겸영장 운봉 영장, 승지당상 순천 부사, 연치 높은 곡성 현감, 인물 좋은 순창 군수, 기생치리 담양 부사……" 등이 빠르게 호

한삼춤과 한량무 재현 장면.

명된다. 20초짜리 이 장면은 광한루를 패션쇼 '런웨이'로 만든다. 수령들은 옻칠을 한 고급 갓인 흑립에 비단 도포를 입고, 여기에 옥과 수정, 호박 등으로 장식한 화려한 갓끈 그리고 도포를 여미는 세조대細條帶 등으로 한껏 멋을 부렸다. 이들이 고정된 프레임 안으로 등장했다가 사라지는 방식으로 연출됨으로써, 전통 한옥과 복식의 화려함뿐 아니라 광한루 상층에서의 상호작용과 건물의 기능을 상징적으로 보여준다. 이 장면은 월랑의 기능적 역할에 대한 관객의 이해를 높인다. 월랑은 광한루의 출입 공간으로 세 단계의 목조 계단을 거쳐야만 본루에 오르는 독특한 구조를 가지고 있다. 계단을 순차적으로 한 단씩 늘려 만든 월랑은 진입부에서의 긴장감과 앞으로 전개될 공간에 대한 기대감을 만드는 효과를 준다. 임권택 감독은 수령들이 입장하는 장면에서 이후 광한루에서 벌어질 사건의 긴장감을 만들어낸다.[67]

사또 생일잔치는 '권주가'로 시작된다. 광한루 상층 중앙 정면에 사또가 앉아 있고, 그의 좌측에는 권주가를 부르는 기생, 우측에는 술을 따르는 기생이 위치함으로써 공간 내에 위계와 서열 그리고 기능을 보여준다. 건물 안의 위계와 서열에 따라 각 읍 수령과 양반, 기생과 악공 등 약 1백여 명이 자리하는데, 사또가 첫 잔을 마시고 나면 축하 공연이 시작된다. 임권택 감독은 이 연회에서 주요 공연으로 검무劍舞를 선택했다. 특히 호남 검무인 한삼춤을 선택함으로써 장소와 공간의 진정성을 높인다.[68] 한삼춤은 진주, 통영, 호남의 남쪽 지역에서만 연행되는 춤으로 이 춤의 춤사위는 승무와 유사하다. 한삼춤은 흰 비단에 오방색 장식이 있는 한삼汗衫을 손끝에 끼고 추는 춤으로, 이 영화에서는 다섯 명의 무희가 전통적인 검무 무복舞服[69]을 입고 춤을 연행한다. 또 하나의 공연은 '임실 수령'의 독무로, 거문고 연주에 맞춰 절제되면서도 우아한 춤사위를 1분 40초 동안 펼친다. 이 춤은 한량무閑良舞로 관아의 행사 때 여흥으로 추는 일종의 풍자 춤이다.[70] 이러한 연회장의 구성이나 연출은 서양의 연회장이나 파티 모습과는 완전히 변별적인, 한국의 전통 연회를 담고자 했던 임권택 감독의 의도가 잘 담긴 것이다.

단옷날 광한루에서 양반의 시조창 장면, 신관 사또 생일잔칫날 임실 수령이 춤추는 모습을 프레이밍한 숏 등은 조선 시대 양반이나 사대부들의 풍류와 연관되는 화면 구성들이다. 판소리는 조선 후기 시대상과 생활상을 매우 사실적이며 구체적으로 묘사하고 있다. 판소리 「춘향가」와 조선 후기 회화는 유사한 정황적 상상력으로 연결되어 있다.[71] 임권택 감독에게 광한루는 한국의 전통 건축, 춤, 노래, 복식, 음식 등을 총체적으로 소개하는 무대 공간이다. 또한 그는 이 공간에서의 신분에 따른 위계와 질서에 따른 의례까지도 담아냄으로

암행어사 출두 신호를 보내는 몽룡과 난장판이 된 광한루 장면.

써 누정에서 벌어지는 연행의 모습을 종합적으로 전달하고 있다.

광한루에서 벌어지는 마지막 장면은 '춘향전'의 절정에 해당하는 암행어사 출두이다. 「춘향가」 중에서 '암행어사 출두' 대목은 휘모리장단에 맞춰 연출되는데, 이 장단은 긴박한 상황을 전달하기 위해 주로 사용된다. 몽룡은 광한루에 올라 부채를 활짝 펴서 암행어사 출두를 알린다. 구경꾼 사이에 섞여 있던 조종들이 이 신호에 따라 '암행어사 출두'를 외치면서 광한루로 진입하고, 기존의 질서가 전복된다. 술상은 엎어지고, 풍악을 울렸던 악기들은 널브러지고, 양반과 각 읍 수령들은 맨발로 도망가고, 일부는 2층 난간에 매달리다 떨어지는데, 휘모리장단은 이런 모습을 상승시키는 효과를 낸다.

> 어사또 생각에 "어허, 이리 허다가는 이 사람들 굿도 못 보이고 다 놓치겄다." 마루 앞에 썩 나서서 부채 펴고 손을 치니, 그때의 조종들이 구경꾼에 섞여 섰다 어사또 거동 보고 벌 떼같이 모여든다. 육모방맹이 둘러메고 소리 좋은 청파역졸 다 모아 묶어 질러, "암행어사 출두여, 출두여! 암행어사 출두허옵신다!

「춘향가」 중 휘모리 ' '암행어사 출두' 대목

임권택 감독의 「춘향뎐」에서 광한루는 한국의 전통 건축물에서 중요한 주변 환경과 건축 구성과 의미를 주로 보여준다. 하지만 그는 이에 그치지 않고 이 건축물을 전통 예술과 문화 및 이를 토대로 한 다양한 사람들의 상호작용과 결합함으로써, 18세기 전라도 지방의 사회와 문화 그리고 독특한 지역성을 재현하는 무대 장치로 사용하고 있다. 여기서 다양한 장단의 판소리는 각각의 분위기를 상승시키고 전달하는 역할을 한다.

월매의 집

임권택 감독은 다양한 전문가의 철저한 고증을 거쳐 월매의 집을 18세기 호남 지역 서민의 생활공간으로 설정하고, 이를 사실적으로 재현하기 위해 노력했다. '춘향전'의 월매의 집은 이본에 따라 집의 규모와 모습이 다르게 묘사된다. 팔작지붕 기와집에 마당에는 못을 파고, 정자를 짓고 마구간과 곳간까지 있는 고래등 같은 집으로 그려지기도 하는데, 판소리류의 「춘향가」에서는 보통 서민의 살림집(여염집)으로 묘사된다. 김세종제류의 「춘향가」를 바탕으로 만들어진 영화 「춘향뎐」 속 월매의 집은 이 가사 내용을 충실하게 반영하고 있다.

호남 지역의 홑집 구조.

저 건너 건너 춘향 집 보이난디, 양양한 향풍이요, 점점 찾어 들어가면 기화요초난 선경을 가리우고, (생략) 송정죽림 두 사이로 은근히 보이난 것이 저것이 춘향의 집이로소이다.

「춘향가」 중 진양조 '방자가 춘향 집을 설명'하는 대목

영화 「춘향뎐」 속 월매의 집 (1)

호남의 소박한 '여염집'

임권택 감독은 '방자가 춘향 집을 설명'하는 대목을 참고하고, 건축 및 역사학자들의 고증을 받아 월매의 집을 구성한다. 그는 관아 기생이었다가 나이가 차서 물러난 퇴기의 집을, 시끄러운 마을에서 벗어나 마치 신선이 노니는 죽림심처竹林深處에 돌아들어 한갓진 송림에 묻

영화 「춘향뎐」 속 월매의 집 (2)

혀 있는 곳으로 해석하고 세트장을 짓는다.[72] 임권택 감독은 1998년 첫 헌팅 겸 시나리오 회의를 하기 위해 남원에 갔는데, 이때 이상적인 장소를 발견한다. "마치 춘향이 집 지으라고 기다려온 듯한 땅을 발견"[73]하고는 곧바로 비탈길에 낮은 돌담을 쌓고 월매의 집을 짓는다.

월매의 집은 본채와 별채 그리고 장독대 공간으로 구성된다. 본채는 방과 마루, 부엌으로 이루어져 있는데, 이런 일자형(一) 홑집은 한반도의 서남부 지역에 많이 분포하는 민가 형태다.[74] 일자형 홑집은 대체로 부속 건물이 붙으면서 二 자형, ㄱ 자형, ㅁ 자형으로 확장되는데,[75] 월매의 집은 별채가 부속 건물이다. 별채는 춘향의 공간으로 '부용당芙蓉堂'이라는 현판이 걸려 있는데, 이는 '연못 안에 세운 건물'이라는 뜻이다. 부용당은 툇마루가 둘러진 두 칸짜리 건물로, 정면 좌측에는 작은 연못이 있다. 두 채의 집 모두 볏짚을 얹은 초가집으로, 볏집은 조선 시대 민가의 지붕 재료로 가장 흔히 사용되었다. 임권택은 월매의 집을 조선 시대 전형적인 서민의 집으로 설정하고 구성했지만, 남원이라는 지역적 특수성도 반영되었다. 산악이 적고 평야가 많은 호남 지역은 인구밀도가 높고 산림자원이 적어서 작은 규모의 일자형 홑집이 많았다. 벼농사를 많이 지어 볏짚이 많아서 초가지붕을 풍성하게 올렸는데, 임권택 감독은 이러한 특성까지 영화에 반영했다.

영화 속 월매의 집 본채는 방 두 개와 대청, 부엌으로 구성되었고, 방과 방 사이에는 대청이 있다. 이런 형태

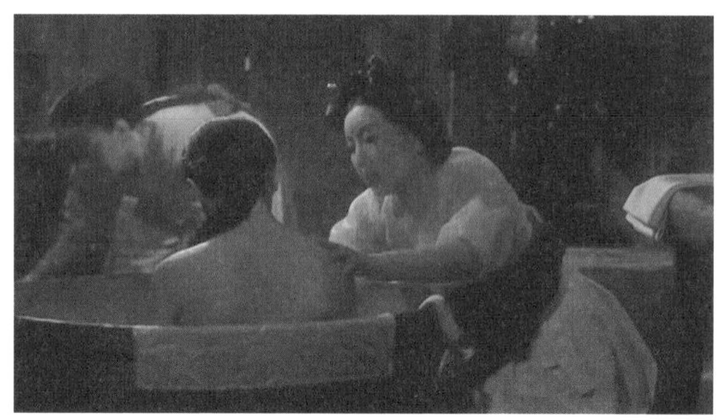

부엌 중심의 서민의 주거 공간과 월매와 향단의 일상 재현 장면.

는 주로 한반도 남부 지역에서 볼 수 있다. 본채에서 가장 큰 공간은 부엌인데, 부엌이 대청이나 방보다 앞쪽으로 돌출되어 있다. 조선 시대 서민 생활에서 부엌은 중요한 역할을 했다. 부엌은 식재료와 땔감을 저장하고, 음식을 조리하고, 난방을 하는 장소였다. 영화「춘향뎐」

은 부엌의 기능을 종합적으로 보여준다. 월매와 향단은 이곳에서 식재료를 저장하고 음식을 준비한다. 월매나 향단과 달리 춘향은 여기서 음식을 만들지는 않는다. 다만 춘향은 몽룡과 보낼 첫날밤을 준비하기 위해 부엌에서 목욕을 한다. 여성들 사이의 공간 이용 방식에 대한 「춘향뎐」의 재현은 이전의 영화와는 차이를 보이는데, 이런 차이는 실증적 조사와 전문가 자문 등을 통해 만들어졌다. 「춘향뎐」에서 부엌은 서민의 중요한 생활공간이었지만, 공간을 분리하는 기능도 있다. 부엌의 외벽에는 큰 항아리, 절구 같은 식재료 저장 기구 및 조리 도구가 배치되어 있고, 그 뒤로는 장독대가 있다. 부용당은 부엌의 측면과 마주하는데, 부엌이 본채의 방과 대청보다 앞으로 확장되어 있다. 부엌은 부용당과 본채의 공간을 분리하는 역할을 하며, 춘향의 공간에 독자성과 신비함을 부여한다.

「춘향뎐」 영화의 전체 상영 시간은 136분인데, 월매의 집에는 약 36분이 할애된다. 36분 중 부엌 장면에는 약 2분 정도 할애된 반면, 춘향의 집 전경과 마당 그리고 이 안에서 벌어지는 사람들 상호작용에는 약 8분을 할애한다. 나머지 26분은 춘향이 기거하는 별채, 부용당에서의 춘향과 몽룡의 상호작용을 보여주는 데 할당한다. 기존의 다른 '춘향전' 영화는 월매의 방을 비중 있게 그린다. 이곳에서 월매와 몽룡의 만남 등이 이루어진다. 하지만 임권택의 「춘향뎐」은 월매의 방을 전혀 보여주지 않는다. 월매의 역할이 상당히 축소되는데, 월매는 대체로 부엌, 장독대 등에서 향단과 함께 일을 하는 모습으로 재현된다. 신상옥과 홍성기 감독은 1961년에 제작한 「성춘향」과 「춘향전」에서 월매의 영화 속 비중과 역할을 중시했다. 월매는 양반집 안주인으로서 춘향과 몽룡과 관련된 거의 모든 결정에 관여하고 주관한다. 하지만 「춘향뎐」에서는 월매가 했던 역할을 춘향이 담당함으로써 춘향의 강한 주체성을 드러낸다. 임권택 감독은 그동안 변화한 여성의 역할과 사회적 위상을 춘향을 통해 보여주고 있다.

부용당: 질박함과 단아함

영화 「춘향뎐」에서 부용당은 광한루와 대비를 이루는 상징적 공간이다. 부용당은 춘향이 몽룡과 첫 대면을 하는 자리이고, 첫날밤을 보내고 사랑을 만들어가는 장소이면서 이별의 아픔을 겪는 곳이기도 하다. 임권택 감독은 광한루와 부용당이라는 두 건물의 대비를 통해 다양한 전통 한옥 건축의 특색과 이 안에서의 서로 변별적인 상호작용을 담아내고 있다. 「춘향뎐」에서 광한루원은 권위와 품격을 담은 남성적인 공간으로 재현되는데, 이 영화는 주로 풀숏과 롱 테이크로 기단과 난간 그리고 내부 기둥들 사이의 공간을 기하학적 구조와 패턴이 강조되게 담아낸다. 이에 반해 부용당은 클로즈업과 짧은 테이크를 통해 공간의 부분적 측면을 세밀하게 보여준다. 부용당은 두 칸의 작은 별채이고, 사람들은 이 안에서 주로 좌식 생활을 했다. 영화는 앉은 사람의 눈높이에 맞는 수평 앵글로 이들을 촬영한다. 부용당에서의 춘향과 몽룡의 상호작용을 담아내기 위해 프레임 안의 프레임 숏을 사용하고 있는데, 이는 사실적 공간의 충실한 재현을 중시하는 임권택 감독의 제작 원칙 때문인 것으로 추정된다.

전통 한옥의 방은 상당히 작기 때문에 카메라가 방에 들어가서 촬영하는 것이 힘들다. 다른 감독들은 이럴 경우 원래 방보다 큰 세트를 짓고, 여기서 다양한 앵글로 촬영을 한다. 하지만 임권택 감독은 이런 세트 촬영이 한국의 전통과 아름다움의 왜곡으로 이어질 것을 우려했다. 그는 실제 부용당에서 월매의 집 장면의 상당 부분을 촬영했는데, 공간의 제약을 프레임 안의 프레임으로 해결했다. 이런 프레임 장면은 공간을 입체적이고 중첩적으로 만들기 때문에 한옥의 오밀조밀한 아름다움을 잘 보여줄 수 있는 장점이 있다. 또한 관객으로 하여금 관음적인 시선을 갖게 함으로써 몰입을 돕는다.

부용당은 누정처럼 툇마루와 방으로 구성되어 있는데, 이는 조선 시대 상류층의 사랑채 모습이다. 상류층의 사랑채는 일반적으로 대청과 누마루, 침방과 서고, 마당으로 구성되어 있다. 그중에서도 사랑방은 남성의 공간으로 접대 및 문객들과의 교류가 이루어지는 곳이다. 보통 사랑채는 가문의 위세와 부를 나타내기 위해 최대한 자신의 정체성에 맞도록 위엄 있게 꾸며졌다. 이 건물은 집 안에서 가장 높은 기단 위에 건축되고, 대청 앞에는 가문의 권위와 정체성을 보여주는 현판을 붙인다. 마당에는 소나무나 배롱나무 같은 선비의 정체성을 드러내는 나무를 심고, 온갖 어려움을 극복한 자연의 아름다움을 형상화한 괴석怪石 이나 석함石函 으로 주변을 장식한다. 또 석지石池 에 물을 담아 처렴상정處染常淨 과

화과동시花果同時를 상징하는 연을 키우는 경우가 많았다.[76] 부용당은 이러한 사랑채의 구성 요소를 대체로 담고 있지만, 퇴기의 딸이 생활하는 공간이라는 사실을 잃지 않는다. 부용당은 세 개의 계단이면 오를 수 있는 성인 허리 정도 높이의 낮은 단 위에 난간을 두른 툇마루와 방 하나 그리고 출입문 앞에 작은 누마루로 구성된다.[77] 누마루는 3면이 개방된 형태로 주변을 감상하기 좋다. 부용당 앞에는 작은 연못과 선비의 정절을 뜻하는 대나무 숲이 있다.

월매의 집 장면은 해가 진 후, 몽룡이 나귀를 타고 남문을 나와 광한루원과 삼각산을 지나, 가파른 언덕길로 오르는 장면으로 시작한다. 비탈길 우측으로 작은 규모의 초가집이 이어지고, 맨 위에 월매의 집이 있다. 춘향이 기거하는 부용당이 어두운 비탈길에 밝은 빛을 비춘다. 임권택 감독은 부용당을 몽룡의 시선으로 보여준다. 몽룡이 월매의 집 본채 마당을 가로질러 가고, 춘향이 부용당 건물 앞에서 그를 맞아준다. 몽룡은 찬찬히 그녀가 사는 공간을 둘러본다. 그는 부용당 앞 작은 연못에 피어 있는 연꽃 한 송이, 처마 끝에 달린 풍경 그리고 부용당 현판에 시선을 고정하고 한참을 바라본다.

질박하고 단아하게 재현된 춘향의 공간 '부용당'의 모습 (1)

질박하고 단아하게 재현된 춘향의 공간 '부용당'의 모습 (2)

몽룡 부용당이라, 연꽃의 이름인데 질박하고 단아한 글씨로구나. 누가 썼느냐?

춘향 소녀의 서툰 솜씨옵니다. 연꽃은 비록 진흙 속에서 꽃을 피우지만 맑고 곱기가 비할 데가 없으며, 그 향기가 십리를 간다고 합니다.

현판은 그 공간에서 생활하는 사람의 정체성을 드러내는 건물의 이름이다. 임권택 감독은 춘향이를 "양갓집 규수로 자라난 아이가 아니니까 야성도 있어야 하고, 기생의 딸로서는 공부를 많이 했으니까 기품과 지성이 있어야 한다"[78] 라고 그 뜻을 설명했다. 부용당은 이러한 춘향의 캐릭터를 고려해서 '질박하고 단아하게' 구성되었다. 임권택은 현판 글씨까지 치밀하게 연출했는데, 영화 속 춘향의 나이인 16세와 비슷하고 서예 대회에서 입상한 경력이 있는 학생이 이것을 썼다.

춘향이 집에 현판이 있잖아. 그게 춘향이 글씬데, 그건 너무 잘 써도 안 되고 너무 못 써도 안 돼. 우리 영화에서화 쪽을 맡아준 하석 선생이 제자 중에서 서예 대회에 입상한 열여섯 살짜리 여자애한테 시킨 글씨야. 보통 사람들은 모르겠지만, 글씨 보는 사람들은 아, 저게 열여섯 살짜리가 잘 쓸 수 있는 글씨구나 하고 알게 되는 거지.[79]

부용당에는 방이 하나 있지만 내부는 두 공간으로 분리된 곁방의 형태이다. 방과 방 사이는 낮은 턱이 있고, 그 턱을 중심으로 발을 사용해 두 공간으로 나뉘었다. 발은 방 안 분위기를 아늑하게 만들고 외부로부터 시선을 막아주는 역할을 할 뿐 아니라, 여름에는 창문이나 대청에 쳐서 햇볕을 막고 바람을 통하게 했다. 발은 갈대나 가늘게 쪼갠 대나무를 엮어서 만들었다. 부용당에서는 발을 중요하게 사용하는데, 분리된 두 공간 좌우에도 창문이 있고, 그 창문 안쪽에 발이 모두 설치되어 있다. 임권택 감독은 사방으로 나 있는 부용당의 문과 창문을 대체로 열어두고 촬영하는데, 그 열린 문과 창문 사이를 발을 사용하여 구분한다. 또 발을 이용해 공간 안에 새로운 프레임을 만들어 한 장면에서도 여러 프레임으로 구성한다. 마치 몬드리안의 그림 같은 느낌을 준다. 이는 매우 작은 공간의 느낌을 전달하면서도 한옥의 개방성과 유연한 공간의 특성을 드러내고자 했던 것으

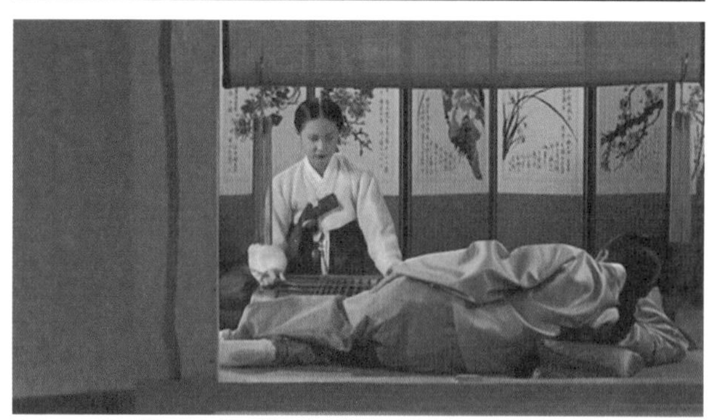

한옥의 창과 문, 기둥과 문살을 이용한 이중 프레임 구성과 연출 (1)

한옥의 창과 문, 기둥과 문살을 이용한 이중 프레임 구성과 연출 (2)

로 보인다.

부용당의 두 개로 나뉜 공간의 서로 다른 용도는 각 공간의 가구와 소품 등으로 유추할 수 있다. 출입구 가까운 쪽에는 붓과 벼루, 서책 등이 놓여 있어서 사랑채에서 책방 역할을 하는 곳임을 알 수 있다. 부용당 방안의 문에서 먼 안쪽 공간은 손님 접대와 일상생활의 공간인데, 책방보다 위계적으로 더 높은 의미를 갖는다. 몽룡은 부용당으로 올라가 방의 가장 상석에 자리하고, 춘향은 출입구 쪽에 자리를 잡는데, 이를 통해 두 사람 사이의 위계가 자연스럽게 드러난다. 집주인인 월매도 문 앞에 자리를 잡고 몽룡에게 인사를 한다. 안쪽 방에는 사군자 그림이 그려진 8폭 병풍과 문서와 귀중품을 보관하는 가구인 각게수리가 놓여 있다. 각게수리는 원래 부유한 집 사랑채에서 쓰였던 금고의 일종으로, 튼튼하고 두툼한 나무로 만들고 다양한 금구 장식을 했다. 이 외에도 6쪽짜리 낮은 문갑과 문서나 그림 등을 두루마리로 보관하는 고비가 벽에 걸려 있다. 문갑 위에는 아담한 난초 화분이 기품 있게 놓여 있다. 방 안쪽에는 춘향의 성품과 재주를 보여주는 난초 등의 소품이 놓여 있다. 영화에서 이 방을 처음 소개할 때, 자수틀과 함께

춘향의 성품과 재주를 보여주는 자수와 그림.

춘향이 붉은색 천에 소나무와 학 한 쌍을 수놓는 모습을 보여준다. 이는 앞으로 이 한 쌍의 남녀가 마주하게 될 뜨거운 사랑과 고난 그리고 극복을 상징한다. 이 장면은 빈 낚시대를 드리운 강태공 그림으로 이어지는데, 이 그림은 지난하고 긴 시간의 흐름과 성공을 위한 기다림을 상징한다.

몽룡 이 그림도 니가 그렸느냐?

춘향 부끄럽사옵니다.

몽룡 빈 낚시대를 드리운 채, 때를 기다리다 뜻을 펼친 태공망을 그린 그림이구나. 어지러운 때 은둔하며 때를 기다리는 야심 찬 사람이지. 훌륭한 지아비를 만나려는 네 소망까지도 함께 담겨 있구나.

4 나가며

임권택 감독은 「춘향뎐」에서 한국의 한옥이라 불리는 전통 건물을 담아내는 데 많은 노력을 기울였는데, 이는 영화 속 시간 배분을 통해서도 알 수 있다. 광한루라는 건물이 위치하고 있는 지리산과 남원이라는 장소와 광한루원의 신화적인 의미와 구성을 「춘향뎐」과 연관지었다. 광한루원의 핵심 건물인 광한루에서는 조선 후기 선비들의 사적 여흥과 유희, 풍류 문화가 연행된다. 조선 선비의 풍류 문화는 상대적으로 격이 높았다. 풍류에 자연과의 합일, 자기 수양이 포함되어 있기 때문이다. 개인의 누정으로 지어졌던 광한루는 시간이 지나면서 남원부의 누정으로 변화한다. 그 기능도 변화하는데, 영화는 사또의 생일연과 암행어사 출두를 통해 조선 시대 공적 연회, 사회상 그리고 사법 체계와 사회질서를 보여준다. 사또의 생일연에는 다양하고 화려한 의장물과 전통 생활용품 그리고 악기들이 등장하는데, 이것들이 사람들의 의상과 행동과 어우러져 현재 한국인의 눈에도 '이국적인' 아름다움을 선사한다.

광한루 안에서 이루어지는 다양한 연행은 관객으로 하여금 조선 사회의 화려함과 풍족함 그리고 여유를 체감하게 만든다. 광한루에서 벌어진 암행어사 출두는 조선 사회에 비록 일부 탐관오리의 사적 일탈이 있었지만, 법적 장치를 통해 이를 자정하는 시스템이 있음을 이야기한다. 「춘향뎐」 속 광한루 장면의 화려함과 아름다움 그리고 풍요로움은 왕과 귀족의 사치가 절정에 달했던 프랑스 루이 14세 시절의 모습과 크게 차이 나지 않는다. 임권택 감독은 기존 '춘향전' 영화들의 부실한 역사 재현을 비판하고 역사를 '진정성' 있게 재현하는 「춘향뎐」을 제작하고자 했다. 열등감과 패배감을 안겨주었던 서구에 비해 뒤떨어지지 않는 우리 것의 아름다움과 풍요로움을 재구성하고 이를 영화에 시각화함으로써, 한국인과 전통문화 또는 문화적 뿌리에 대한 자존감 복원과 세계를 향한 인정 욕구가 발현된 것이다.

광한루와 달리 남원 퇴기인 월매의 집은 상대적으로 작고 허름하지만, 단아함과 기품이 있는 모습으로 재현된다. 호남 지방에서 흔히 볼 수 있는 서민의 집 형태를 하고 있지만 전체적인 구성을 보면 여염집의 모습이다. 「춘향뎐」 이전의 영화에서 월매의 집은 어느 정도 여유 있는 가정집으로 재현되었다. 이전 영화들은 대부분은 월매의 집을 규모나 실내장식 등에서 서민 집보다는 사대부나 양반가로 그리고 있다. 하지만 역사적 실재의 재현을 중시한 임권택 감독은 서민의 집으로 설정했다. 당시 호남에서 서민이 주로 살던 홑집으로 월매의 집을 구상하고, 남원에서 실제로 존재했을 법한 장소에 집을 짓고 여기서 촬영했다. 현재 이 건물들은 남원의 주요한 관광자원이 되었는데, 실제 남아 있는 월매의 집과 영화 속에서 재현된 월매의 집은 느낌에서 차이가 난다. 영화 속에서의 따뜻하고 정겨운 느낌을 실제 집에서는 찾아보기 힘들다.

월매의 집에서 가장 눈에 두드러지는 장소는 부용당이다. 조선 시대 서민이 부용당과 같은 별채를 갖는 일은 매우 희귀하다. 누정 또는 사랑채 형태의 별채는 서민보다는 양반이 주로 사용하는 공간이었는데, 이전의 다른 '춘향전' 영화들과 마찬가지로 「춘향뎐」도 월매의 집에 별채를 추가했다. 부용당은 춘향의 주된 활동 공간인데, 「춘향뎐」에서는 이 건물이 시간이나 의미 측면에서 특히 중요한 역할을 한다. 아름다운 난간이 있는 별채 앞 연못에는 연이 심어져 있고, 선비의 절개와 의리를 뜻하는 소나무와 대나무가 주변을 둘러싸고 있으며, 방 안에는 책과 시화, 병풍 등이 있다. 18세기에 얼마나 많은 민중이 문해력을 갖추었는지는 정확히 알 수 없다. 영화 속에서 춘향은 비록 지방 남원의 퇴기 딸이지만 양반 선비들에 버금가게 서화에 상당한 조예를 가진 '교양인'으로 그려지고 있다. 18세기 서구 사회에서 서민의 상당수는 문맹이었고, 그들의 집에는 간단한 가재도구만 있었다. 이들이 시를 짓거나 아니면 유명한 시인이 쓴 시를 집 안에 붙여놓는다거나 기품과 문화적 상징이 있는 그림을 두는 일은 드물었다. 특히 춘향의 집에 있는 소품들이 유교와 도교의 이상 세계와 가치를 언술하고 있는데, 18세기 서구 사회 서민은 대부분 이런 종류의 교양과는 거리가 먼 삶을 살았다.

「춘향뎐」에서 재현된 조선 전통 사회의 모습이 과연

얼마나 실재와 부합하는지에 대해서는 논란이 있을 수 있다. 하지만 이렇게 재현된 모습이 한국인과 서구인에게 각기 어떤 느낌과 인상으로 다가갔을까? 임권택의 「춘향뎐」 제작 의도와 목적은 크게 다음 두 가지였다. 하나는 한국 전통 특히 호남의 정서를 제대로 알지 못하는 국내 관객에게 참 의미를 전달하고자 하는 '계몽적' 목적이다. 임권택 감독은 「춘향뎐」을 통해 한국 전통의 아름다움과 다채로움, 특히 호남의 소리와 정서를 담았다. 영화의 첫 부분을 본 대학생들은 판소리를 고리타분하게 생각했고, 학교 과제가 아니면 관심도 가지지 않았다. 하지만 교수가 내준 과제 때문에 할 수 없이 영화 속 판소리를 다 듣고 감동하는 모습에서 이 영화의 의도와 목적을 간접적으로 알 수 있다. 또 다른 목적은 단기간에 산업화와 민주화를 이룬 우리 민족의 저력의 기반인 전통을 외국인에게 알리고 이를 인정받고자 함이다. 즉 인정 욕구이다. 임권택 감독은 칸이나 아카데미 같은 국제영화제를 염두에 두고 「춘향뎐」을 제작했다. '이국적인' 아름다움과 새로운 문화적 독특함이 있는 그의 영화는 예상대로 상당한 호평을 받았다.

코리안 뉴웨이브 영화 계통의 감독들이 최근의 한국 로컬리티에 기초한 정서 구조를 가진 블록버스터 영화를 제작한 반면, 임권택은 한국의 전통문화를 직접적으로 다루었다. 그의 이런 경향은 당시 비평가들에게 비판받기도 했고, 실제로 한국 관객들은 그의 영화에 등을 돌렸다. 젊은 감독들이 할리우드로 대변되는 글로벌 표준에 기반한 한국적 영화를 제작하려는 욕망을 보인 반면, 임권택은 한국적인 미학을 개발하고, 이에 기초해 한국 전통문화를 시각화하려고 했다. 그의 노력은 단기적으로는 국내에서 철저하게 실패한 것처럼 보였다. 하지만 2000년 이후 글로벌화가 빠른 속도로 진행되고, 특히 영화의 초국가적 특성 때문에 세계 영화 시장에서도 글로벌 유통과 소비가 활발해지면서 그의 영화는 새로운 평가를 받고 있다. 특히 새로운 IT 기술 발전의 산물인 인터넷과 새로운 플랫폼인 유튜브 등은 주변부 또는 변방이었던 한국의 문화와 예술을 적어도 반주변부 또는 중심으로 편입하는 데 커다란 기여를 했다. 임권택 감독의 「춘향뎐」은 이런 혜택을 많이 받은 것으로 보인다.

K-Pop과 K-Drama 그리고 한국 영화들이 전 세계

적으로 인기를 끌자, 팬들 중 일부는 한국 문화와 삶에 지적 호기심을 느꼈다. 이들의 지적 호기심을 충족해주는 주요 통로는 인터넷이다. 특히 유튜브 플랫폼은 중요한 역할을 하고 있다. 유튜브에는 다양한 버전의 '춘향전' 영화들이 올라와 있다. 일부 영상은 짧은 클립이지만, 전체 영상이 올라와 있기도 하다. 한국영상자료원은 한국의 고전 영화들을 데이터베이스화하고, 사용자가 무료로 온라인에서 관람할 수 있도록 하고 있다.[80] 이 기관은 아카이빙한 영화 상당수를 유튜브에서도 공개하고 있는데, 이 기관이 운영하는 사이트의 구독자는 2020년 8월 8일 현재 약 53만8천 명이다. 임권택의 「춘향뎐」도 이 유튜브 사이트에서 공개되어 있는데,[81] 2020년 8월 초 현재 조회수는 약 342만 회이다. 여기에 '좋아요'가 5천3백 회, '싫어요'가 1천4백 회이고, 댓글은 637개 달렸다. 정확한 수를 파악하기는 힘들지만, 글의 내용이나 사용자 ID를 통해 추정해보면 전체 댓글 중 약 30퍼센트 정도가 외국인이 작성한 것으로 판단된다. 외국인 댓글을 다시 지역별로 분류해보면, K-Pop이나 K-Drama가 인기를 끌고 있는 지역과 상당히 일치하는 경향을 보인다. 유튜브에 공개된 「춘향뎐」은 영어 자막이 제공되지만, 내용을 심층적으로 이해하는 데 큰 도움을 주지는 않는다. 하지만 이 자막은 한국어를 모르는 외국인이 영화의 전체적인 내용을 이해하는 데에는 적지 않은 도움이 된다.

원래 각 나라의 고전 작품은 해당 국가의 역사와 전통, 가치와 규범 등을 이해하는 중요한 창이다. 임권택 감독의 「춘향뎐」도 조선 시대의 전통과 문화를 이해하는 데 좋은 교재다. 특히 한국 문화에 관심이 있는 외국인에게 한국의 대표적인 고전 작품인 '춘향전'은 조선 시대 후기의 사회와 문화 그리고 예술을 이해할 수 있는 좋은 창이다. 임권택 감독은 이전 영화와는 달리 엄격하고 충실한 전문가 고증을 거쳐 영화를 제작했기에 더욱 그러하다. 외국인으로 추정되는 댓글에는 아름다운 자연과 우아한 건물과 원색 의상이 인상적이었다는 내용이 적지 않다. 또한 일부 서구인의 댓글에는 대학교에서 부교재로 시청했다는 내용이 있는데, 이를 통해 「춘향뎐」이 서구인에게 한국 전통문화를 이해하는 시각 자료로 활용되고 있음을 알 수 있다. 「춘향뎐」이 '자기 만들기' 또는 자기 오리엔탈리즘을 기반으로 제작되었다는 비평과는 별도로, 비교적 쉽게 접근할 수 있고,

특정 나라의 문화와 전통을 횡단해서 재미있게 볼 수 있는 영화가 적으므로, 앞으로도 외국에서 꾸준히 인기를 유지할 것으로 판단된다.

맺음말

한국인이라면 대개 '춘향전'을 알고, 이에 대해 각자 나름대로의 생각이나 인상을 갖고 있을 것이다. 어떤 이는 지금 재미있는 이야기가 넘쳐나는데 "왜 또 '춘향전' 이야기야?"라고 의아하게 받아들일지 모르고, 또 다른 이는 이 이야기 속의 지고지순한 사랑과 정의 실현에 감동해서 이 고전이 한국 또는 세계의 자랑스러운 문화유산이라고 생각할지도 모른다. 지난 20년 전까지만 해도 '춘향전' 이야기는 국내에서 자주 무대에 올랐지만, 현재는 그전만큼 인기가 많지 않은 것 같다.

국내에서 '춘향전'이 앞으로 어떤 지위를 갖고, 어떤 역할을 할지는 어느 누구도 예측하기 힘들다. '춘향전'에 많은 이본이 존재하는 데서 알 수 있듯이, 이 이야기는 국가와 사회 그리고 개인의 욕망과 요구에 의해 끊임없이 변주되어왔다. '춘향전' 이야기는 오늘날에도 여전히 현대인에게 호소할 수 있는 부분이 적지 않아서, 다른 고전소설보다 더 긴 생명력을 가질 가능성이 높다.

이 글을 쓰는 중에 남원에 사는 지인과 광한루원과 춘향테마파크에 대해 이야기를 나눌 기회가 있었다. 그는 '관광 상품'으로 변한 이 시설이 이제는 지역 홍보와 경제 활성화에 기여하는 바가 그다지 크지 않다고 했다. 만들어진 지 오래되어서 이미 많은 사람들이 다녀갔고, 여러 지자체들이 춘향테마파크 같은 유사 시설을 앞다투어 짓는 바람에 이곳만의 희귀함이나 독특함을 찾아보기 힘들어졌다고도 했다.

광한루원에 대해서도 그는 그다지 호의적인 반응을 보이지 않았다. 관광지가 된 여타의 전통 문화재와 마찬가지로 상가 시설들이 광한루원 주변을 둘러싸고 있는데, 그곳에서 파는 기념상품은 고급스럽지도 않고, 광한루나 '춘향전'과도 그다지 관련이 없다. 또한 적지 않은 관광객이 광한루원과 '춘향전'을 체험하기 위해 오지만, 교통수단과 시설이 부족하고, 볼거리가 많지 않아서 잠시 구경하고는 다른 곳으로 간다고도 했다. 기대와 달리 외지인이 주변에 지어놓은 숙박 시설을 이용하는 일도 많지 않다며, 시가 너무 오랫동안 '춘향전'을 우려먹었다는 말로 이야기를 마무리했다. 하지만 그의 말에 선뜻 동의하기는 쉽지 않았다.

오래전 독일에서 유학 중일 때, 한국에서 출장 온 공무원을 도와 동행한 적이 있었다. 공무를 마친 후, 그에게 독일 전통 음식점에서 저녁 식사를 대접하고 싶다고 말했다. 그는 한참을 머뭇거리더니 어렵게 이런 부탁을 전해왔다. 음식점보다는 본Bonn에 있는 베토벤 생가를 가보고 싶은데, 함께 가줄 수 있냐는 것이었다. 나는 지금 시간에 생가는 닫혀 있고, 어두워서 아무것도 볼 수 없다고 말했다. 하지만 그는 굽히지 않고, 생가를 반드시 보고 싶다고 했다. 저녁도 못 먹은 채 차로 40분을 달려 불 꺼진 베토벤 생가에 도착했다. 그는 가방에서 카메라를 꺼내더니 생가 앞의 자기를 찍어달라고 부탁했다.

생가는 골목 안에 있었고, 가로등도 밝지 않았으며, 집도 어두워서 사진이 잘 찍히지 않을 거라는 예감이 들었다. 평범한 필름 카메라에는 플래시도 없고, 가지고 있던 필름마저 저감도였다. 컴컴한 겨울 저녁에 베토벤 생가 앞에 서 있는 그의 모습을 찍어주었지만, 그 후 인화된 사진은 끝내 보지 못했다. 그는 생가 앞에서 20분 정도를 어슬렁거렸다. 그리고 자신을 가리켜 베토벤 애호가라며 베토벤의 음악을 들으면 행복을 느낀다고 했다. 사진 찍을 때 얼굴 가득 행복이 넘치는 것을 보았는데, 나는 어쩌면 누군가의 그런 행복한 표정을 앞으로 다시는 볼 수 없을지도 모른다는 예감이 들었다. 그리고 이때 건물이나 장소, 공간에 대한 지식과 공감은 이에 대한 진정한 이해와 사랑으로 이어진다는 것을 어렴풋이 느꼈다.

이 책을 쓰기 위해 광한루원과 테마파크를 답사했다. 광한루에 대해 피상적으로 알았던 것과 달리 광한루원은 규모가 크고, 다양한 건축물로 구성되어 있었다. '춘향전' 영화들과 함께 '춘향전'을 현대적 기법으로 소개하는 박물관과 월매의 집도 이 안에 있었다. 임권택 감독은 남원시의 협조와 도움으로 월매의 집과 주변 민가, 관아 시설을 재현해 지었다. 이곳은 현재 테마파크의 중요한 시설이 되었다. 「춘향뎐」의 일부 장면은 여기에서 촬영되었다. 광한루원 안에도 규모가 큰 또 다른 월매의 집이 있다. 테마파크 안 월매의 집이 실제 인물들이 거주했던 또는 거주하는 느낌을 주는 반면, 광한루원 안의 월매의 집에서는 민속촌의 세트장 같은 느낌을 받았다. 광한루와 주변 연못과 오작교, 방장정, 영주각 등은 우주와 세상의 질서에 대한 조선 시대 사람들의 생각과 선비의 풍류 문화를 반영한다. 이들 건축물과 정원을 따라 걷는 것만으로도 조선의 선비 문화와 풍류를 어느 정도 느낄 수 있었지만, 한국의 대표적인 누정인 광한루를 밖에서만 봐야 해서 상당히 아쉬웠다. 광한루 안에 있는 다양한 선조의 흔적과 누정 본래의 의미와 역할과 기능은 상층에서 제대로 느낄 수 있기 때문이다.「춘향뎐」에서 잠시 이를 보여주기는 하지만, 이 장면만으로 광한루원의 종합적인 구성과 공간의 독특함과 고유함을 느끼기는 힘들다. 그리고 무엇보다 건물 또는 장소와의 교감과 애정을 느끼기 쉽지 않다.

그동안 많은 '춘향전' 영화가 제작되었고, 이 영화들은 광한루와 월매의 집을 꼭 등장시켜야 하는 숙명을 안고 있다. 신상옥, 홍성기 감독은 광한루가 실재함에도 불구하고 다른 곳에서 촬영했다. 임권택 감독은 이들과 달리 영화의 상당 부분을 광한루에서 공들여 촬영했다. 이에 반해 월매의 집은 실재하지 않는 데다 소설이나 판소리 등에서도 자세하게 묘사하지도 않는다. 여기서 재현의 문제가 발생한다. 월매의 집에 대해 전문가들의 의견이 일치하지 않고, 일치할 수도 없다. '춘향전' 영화를 제작하기 위해서는 어찌 되었든 이를 재현해야 한다. 감독의 취향이나 가치관만으로 이 집을 상상하고, 구성하고, 재현할 수는 없다. 영화는 많은 돈과 인력과 에너지가 투입되는 상품이고, 국가나 민족 공동체의 정체성을 구성하는 주요한 매개물로 간주된다. 이 때문에 시대적·사회적·개인적 욕구와 기대가 영화 속 공간의 구성에 투사된다. '춘향전' 영화는 건축이나 공간을 집중적으로 다루는 다큐멘터리나 교육용 영화가 아니기 때문에 광한루와 월매의 집은 주로 이야기 전개를 위한 무대 장치로 사용된다. 하지만 이런 무대에도 다양한 요구와 욕망들이 투영되는데, 이 때문에 다양한 '춘향전' 영화에서 광한루와 월매의 집은 각기 다른 비중과 모습으로 재현된다. 이는 당연히 '춘향전'에 대한 우리의 인상을 구성하기 때문에 이를 되짚어보는 것은 비판적 사고와 판단을 위해 의미 있다. 맥락과 내용을 다양하고 종합적으로 이해하고, 이에 대해 비판적으로 사고하는 것은 더 좋은 세상과 행동에 대한 상상 가능성을 열어주고, 인류 공동체의 미래를 한 단계 밝게 해주기 때문이다. 이는 한국 전통과 한옥에 대한 담론에도 해당할 수 있다.

'춘향전' 같은 고전의 해석과 수용은 제작자와 관객 모두에게 열려 있으며, 이야기의 무대인 광한루와 월매의 집도 마찬가지다. 이러한 전통 건축물들은 냉전과 체제 경쟁이라는 환경 속에서 이상화된 공간으로, 또는 일제 식민지와 한국전쟁을 거친 간난艱難의 시기에는 역설적으로 화려하고 풍요로운 공간으로 재현되기도 한다. 또한 세계화와 신자유주의 질서하에서 상대적 박탈감을 느끼는 시기에 광한루와 월매의 집은 '뿌리 찾기'와 자랑스러운 근본을 가진 전통으로 나타나기도 한다. 이런 우리의 뿌리와 전통은 세계화 시대에 우리를 제대로 알리는 것을 넘어서서 세계로의 진출 또는 도약을 위한 매개가 되기도 한다.

한국의 경제적·문화적 위상이 높아지면서 초국가적 물성을 가진 '춘향전' 영화는 외국인에게 한국의 전통과 삶 그리고 건축과 같은 물질 문화를 이해하는 중요한 '교육'의 장이 될 것이다. '엄격한 고증'을 거쳐 재구성된 「춘향뎐」은 이런 목적에 내용상으로는 부합하는 영화지만, 영화에서 객관적 또는 사실적 재현이란 존재할 수 없다. 언젠가 이 영화를 본 외국인이 늦은 밤 닫힌 광한루와 월매의 집 앞에서 행복한 표정으로 사진을 찍었는지도 모를 일이다.

김민옥, 조관연

「춘향전」
Chun-Hyang Story, 1955

감독: 이규환
각본·각색: 이규환
촬영: 유장산
제작사: 동명영화사
개봉: 1955년 1월 16일 국도극장
출연: 이민(몽룡), 조미령(춘향),
노희경(향단), 전택이(방자) 등

이 작품은 한국전쟁으로 폐허가 된 서울에서 김재중과 이철이 만든 동명영화사가 제작한 첫 작품이다. 이규환 감독이 연출을 맡았고 당시 최고의 인기 배우였던 조미령이 춘향을, 신인 이민이 이몽룡 역을 맡았다. 이 영화는 구정 무렵인 1955년 1월 16일 국도극장에서 개봉해 2개월 동안 장기 상영했다. 이 기간 동안 무려 20만여 명의 관객을 동원하면서 국산 영화 흥행 신기록을 세웠다. 침체했던 국내 영화계에 활기와 자신감을 불어넣어주어서 영화 중흥의 계기를 마련해준 작품으로 평가받고 있다.

「성춘향」
Seong Chun-hyang, 1961

감독: 신상옥
각색: 임희재
촬영: 이형철
제작사: 신필름
개봉: 1961년 1월 28일 명보극장
출연: 김진규(몽룡), 최은희(춘향),
도금봉(향단), 허장강(방자) 등
상영시간: 144분

「성춘향」은 한국에서 처음으로 시도된 컬러 시네마스코프 작품이며, 홍성기 감독이 만든 「춘향전」과 비슷한 시기에 개봉하면서 장안의 화제가 되었다. 이 영화는 74일 동안 38만 명의 관객을 동원해서 기존의 최고 흥행 기록을 경신했다. 「성춘향」은 배우 캐스팅 면에서 「춘향전」을 압도했는데, 방자에 허장강, 향단에 도금봉, 월매에 한은진, 변학도에 이예춘 등 당대의 쟁쟁한 연기파 배우들이 코믹한 연기를 해서 호평을 받았다. 신상옥은 이 영화 이후 할리우드를 모델로 '신필름'을 만들었다. 이 영화 프로덕션은 한국 영화사에서 중요한 역할을 했다. 이후에 제작된 「사랑방 손님과 어머니」, 「상록수」 등도 흥행에 성공하면서 한국의 대표적인 감독으로 부상했다.

「춘향전」

The Love Story of Chun-hyang, 1961

감독: 홍성기
각색: 유두연
제작사: 홍성기프로덕션(선민영화사)
개봉: 1961년 1월 18일 국제극장
출연: 신귀식(몽룡), 김지미(춘향),
양미희(향단), 김동원(방자) 등
상영시간: 110분

홍성기 감독은 김지미 주연의 「춘향전」을 신상옥의 「성춘향」보다 일주일 먼저 국제극장에서 개봉한다. "우리나라 영화映畵의 획기적劃記的인 천연색天然色 씨네마스코프의 호화거편豪華巨篇!"이라는 홍보 문구에서 알 수 있듯이, 당대 최고의 영화 기술과 배우의 작품임을 강조한다. 이 영화는 열흘 뒤 개봉한 「성춘향」과 경쟁하는데, 흥행에서 참패해서 제작비도 거의 회수하지 못한다. 비평가들은 부실한 세트, 어둡고 칙칙한 색감, 원전에서 달라진 게 없는 평면적인 서사, 김지미 외에는 인지도 낮은 배우들로 구성된 부실한 캐스팅 등을 비판했고, 관객은 이 영화에 등을 돌렸다.

「춘향뎐」

Chunhyang(Chunhyangdyeon), 2000

감독: 임권택
원작: 조상현 창본 「춘향가」(원안)
각본: 김명곤, 강혜연
촬영: 정일성
제작사: 태흥영화(주)
제작년도: 2000년
출연: 조승우(몽룡), 이효정(춘향),
이혜은(향단), 김학용(방자), 김성녀(월매) 등
상영시간: 136분

임권택 감독의 97번째 영화가 「춘향뎐」이다. 조상현 명창의 「춘향가」 소리를 기반으로 한국적 아름다움을 판소리의 내용과 리듬에 맞춰 담아낸 작품이다. 국내 관객에게는 호응을 얻지 못했지만, 한국 영화로서는 최초로 프랑스 칸영화제 경쟁 부문에 진출했다.

| 주註 |

1 『춘향전』의 영화화에 대해서는 권순긍(2007), 「고전소설의 영화화 ― 1960년대 이후 「춘향전」 영화를 중심으로」, 『고소설연구』 23집, 177~205면 참조.

2 권순긍, 위의 논문, 179~180면 참조.

3 냉전과 문화냉전에 관해서는 김려실(2019), 『문화냉전』, 현실문화 참조.

4 제작 당시의 시대적 상황에 대해서는 정영권(2018), 「시국, 모랄, 그리고 419 전야」, 『한국학연구』 51, 535~567면 참조.

5 「國產映畵(국산영화) 모두가 原作物(원작물)」, 『조선일보』, 1960.01.27 참조.

6 Greenblatt Stephen(1980), *Renaissance-Self-fashioning*, University Chicago Press.

7 Kuchta, David(1993), "The Semiotics of masculinity in Renaissance England," In *Sexuality and gender in early modern Europe: institutions, texts, images*, Turner James(ed.), Cambridge University Press, pp. 233−246.

8 Schwandt, Waleska(2002), "Oscar Wilde and the Stereotype of the Aesthete: An Investigation into the Prerequisites of Wilde's Aesthetic Self−Fashioning," In *The Importance of Reinventing Oscar: Versions of Wilde during the Last 100 Years*, Uwe Böker et al., Rodopi, pp. 91−102.

9 Quintana, Ana, Alvina E., *The Mixquiahuala Letters*, Bilingual Review Press, 1992.

10 Chen, Jack W.(2011), *The Poetics of Sovereignty: On Emperor Taizong of the Tang Dynasty*, Harvard−Yenching Institute Monograph Series(Book 71), Harvard University Asia Center; Bilingual edition.

11 권순긍, 위의 논문, 183면.

12 「춘향전」 속의 옷에 대해서는 은지연(2002), 「영화 '춘향전'의 복식 분석」, 이화여자대학교 석사학위논문 참조.

13 이에 대해서는 유목화(2012), 「춘향의 이미지 생산과 문화적 정립」, 『실천민속학연구』 19, 5~33면; 강성률(2012), 「1950년대 후반 한국영화 속 도시의 문화적 풍경과 젠더」, 『도시연구』 7, 145~170면 참조.

14 "광한루는 지붕의 기와가 깨어져 가라앉고 누각, 기둥, 문짝 등도 파손되어 있어 이에 대한 보수가 시급히 요청되고 있다", 「廣寒樓荒廢一路(광한루황폐일로)」, 『동아일보』, 1961.11.08.

15 공적, 사적 건축물로서의 한옥에 대해서는 한옥공간연구회(2004), 『한옥의 공간문화』, 교문사 참조.

16 한옥에서 '칸'이란 최소 단위의 사각 공간을 건축적 기본 모듈로 하여 이를 ㄱ, ㄴ, ㅁ 자형 등으로 증식시켜 공간을 구성하는 독특한 구조이며, 집의 규모를 표현하는 단위이기도 하다. 기단의 높이는 한옥 건축의 권위와 위계를 파악할 수 있는 요소 중 하나이며, 기둥의 간격은 건물의 크기를 결정하는 요소다.

18 정亭, 대臺, 누樓, 각閣에서 관상을 하면 그 관상 범위가 어느 정도 한정되기는 하지만, 이리저리 눈을 돌려 살펴보는 것은 마찬가지이다. 정과 대는 사방이 트여 있고, 누와 각에는 난간과 창이 있지만 역시 사방이 트여 있다. 사면이 경치를 마주하고 있는 것은 천천히 움직이며 감상할 수 있게 하기 위해서이다. 장파(張法)·유중하 외 옮김(1999), 『동양과 서양, 그리고 미학』, 푸른숲, 509면.

19 궁궐이나 관아에 딸린 누각은 휴식과 접대 및 연회를 위해 지은 것으로, 주변 자연경관이나 정원 풍경을 감상할 수 있는 조망 기능이 있다. 또한 상층 계급의 특권을 과시하기 위해 하부 공간을 두어 높게 조성했다. 궁궐의 누각으로는 경복궁의 경회루나 창덕궁의 주합루, 관아의 누각으로는 남원 광한루와 밀양 영남루를 비롯한 지방의 누각들이 있다. 김민주(2011), 「조선 시대 관아 누정 특성에 관한 연구」, 석사학위논문, 10~11면.

20 일제 시기 광한루에 대해서는 함대훈, 『남원 광한루』(2012), 온이퍼브 참조.

21 홍성욱 옮김(2004), 『춘향전』, 민음사, 24면.

22 오창수(2020), 「사랑의 공간과 대화」, 『춘향전, 역사학자의 토론과 해석』, 193면.

23 조선 시대의 한옥은 신분에 따라 대지와 건물 규모에 규제를 받았다. 칠과 돌의 다듬기, 기둥의 높이, 기둥 위의 장식, 기둥의 모양 등 주택 장식도 신분에 따른 제한이 있었다. 상류 주택은 종2품 이상의 벼슬을 한, 신분

높은 양반 계급이 소유한 사대부가로서 솟을대문이 있는 주택을 의미한다. 이들 주택은 대체로 대문간과 행랑채, 사랑채와 안채, 사당과 별당 등으로 구성된다. 또한 공간과 공간 사이를 행랑이나 담장으로 구획함으로써 여러 개의 마당과 함께 공간마다 위계와 정서를 보여준다. 한편 중류 주택은 중인의 주택이나 규모가 큰 부농의 주택을 말한다. 서민주택은 규모나 부재의 크기 등에 많은 제한을 받았고 솟을대문을 설치할 수 없었다. 서민 주택은 일반 백성의 주택이긴 하지만 양반이라 할지라도 벼슬을 하지 못하여 서민과 다름없는 주택에 살았던 경우도 있었다. 일반적으로 민가라고 하면 서민 주택을 일컫는데, 기후의 영향을 받아 지방별로 특색이 뚜렷하다. 대체로 ㅡ 자형, ㄱ, ㅁ 자형의 단독 건물과 마당으로 구성되었으며, 초가지붕에 담장에는 돌을 쌓거나, 싸리나무를 연결하여 경계를 구분했다. 한옥공간연구회(2004), 『한옥의 공간문화』, 교문사, 45면.

24 상류층 주택의 안방에는 머릿장, 이층장, 삼층장, 의걸이장, 농, 반닫이 같은 수납용 가구와, 문갑, 탁자 같은 장식용 가구가 있다. 그 외 보료와 사방침, 궤, 함, 상자, 몸단장을 위한 좌경과 빗접, 바느질을 위한 반짇고리, 화로, 등기구 등이 안방에 기물과 소품으로 놓였다. 한옥공간연구회, 위의 책, 185면.

25 안대청에는 일상적으로 뒤주, 찬장과 같은 부엌용 수장 가구와 소반과 같은 목기류 및 각종 그릇류가 놓였으며, 제례 때에는 제상, 향상, 교의, 촉대, 모사기 등이 놓여 있다. 한옥공간연구회, 위의 책, 156면.

26 한국 영화의 해외 진출에 대해서는 전평국(2001), 「한국 영화에 대한 국제적 평가와 예술영화에 대한 재고찰」, 『영화연구』 17, 265~303면 참조.

27 「合作映畵製作(합작영화제작)키로―일본 六(육)대 도시에서 상영될 한국영화 〈成春香(성춘향)〉의 반향이 좋올 것」, 『동아일보』, 1962.05.12.

28 『한국일보』, 1961.12.19.

29 「〈成春香(성춘향)〉으로 決定(결정)―시드니 映畵祭出品作(영화제출품작)」, 『조선일보』, 1962.04.01.

30 「波紋(파문) 던진 伯林映畵祭出品作選定(백림영화제 출품작 선정)」, 『조선일보』, 1961.04.23.

31 한상언, 「칼라 영화의 제작과 남북한의 〈춘향전〉」, 『구보학집』 22집, 571~599면 참조.

32 당시 한국 영화 시장 규모에 대해서는 한국영상자료원 편(2005), 『신문기사로 본 한국영화 1958~1961』, 공간과 사람들 참조.

33 「波紋(파문) 던진 伯林映畵祭出品作選定(백림영화제 출품작 선정)」, 『조선일보』, 1961.04.23.

34 「〈成春香(성춘향)〉으로 결정決定—시드니 映畵祭出品作(영화제출품작)」, 『조선일보』, 1962.04.01.

35 「合作映畵製作(합작영화제작)키로—일본 六(육)대 도시에서 상영될 한국영화 〈成春香(성춘향)〉의 반향이 좋을 것」, 『동아일보』, 1962.05.12.

36 「멕시코서 希望(희망) 國產映畵(국산영화)의 輸入(수입)」, 『조선일보』, 1963.10.16.

37 윤룡규(1959.3), 「민족 고전을 영화화하고」, 『조선영화』, 14면.

39 1950~1960년대에 '춘향전'이 소환된 이유와 관련해서는 권순긍(2019), 「춘향전의 근대적 변개와 정치의식」, 『민족문화연구』 제83호 참조.

40 남북한 영화제작과 체제 경쟁 아래 '춘향전' 영화제작에 관해서는 장우진(2006), 「1960년대 남북한 정권의 정통성과 영화」, 『영화연구』 30호 참조.

41 「〈춘향뎐〉 미서 대인기」, 『연합뉴스』, 2001.01.22.

42 「거장 임권택이 거장 봉준호에게: 임권택 감독 인터뷰」, 『DC 아웃사이드』, 2020.02.17.

43 정성일(2001), 「〈와호장룡〉과 〈춘향뎐〉과 오리엔탈리즘」, 『월간 말』, 200~203면.

44 이지연(2006), 「내셔널 시네마의 유통과 '작가' 감독의 브랜드화에 대한 비판적 성찰」, 『영화연구』 30, 250~288면 참조.

45 데이슛픽쳐스(TSPDT) 사이트: https://www.theyshootpictures.com/

46 "21세기 최고의 찬사를 받은 영화 1000편(The 21st Centry's most acclaimed films)" 순위: http://www.theyshootpictures.com/21stcentury_allfilms_table.php

47 '메타크리틱' 사이트: https://www.metacritic.com/

48 '로튼 토마토' 사이트: https://www.rottentomatoes.com/

49 McGavin Patric Z., "A rapturously beautiful, lyrically dazzling work", *Reader*, https://www.metacritic.com/movie/chunhyangdyun/critic-reviews

50 Howe, Desson, "'Chunhyang's Seamless Blend", *The Washington Post*, https://www.washingtonpost.com/wp-srv/entertainment/movies/reviews/chunhyanghowe.htm, 2001.03.16.

51 Mitchell, Elvis, "FILM REVIEW: How a Korean Folk Form Freshens a Fairy Tale Love", *The New York Times*, 2000.09.23.

52 김영진, 「'한국 영화 10년'—한국 영화, 충무로를 넘어 칸으로 가다」, 『영화천국』, Vol. 11, 2010.01.08.; 김영진, 「'임권택' 임권택이 말하는 '임권택 영화'」, 『영화천국』, Vol. 14, 2010.07.08. 참조.

53 차경남(2013), 「임권택 감독 영화에 표출된 호남 문화와 사상 연구」, 동신대학교 대학원 석사학위논문 참조.

54 허문영, 「〈춘향뎐〉과 임권택(4) - 임권택vs김명곤 대담」, 『씨네21』, 2000.02.01.

55 김영진, 「'한국 영화 10년'—한국 영화, 충무로를 넘어 칸으로 가다」, 『영화천국』 Vol. 11, 2010.01.08.

56 허문영, 「〈춘향뎐〉과 임권택(1) - 제작기」, 『씨네21』, 2000.02.01.

57 허문영, 위의 글.

58 한국민속촌은 1974년 전통 민속 문화를 보존하는 야외 민속박물관으로 개관했다. 각 지방별로 특색을 갖춘 서민과 양반 가옥, 관아 및 교육기관, 서원과 서당, 사찰과 서낭당 등 270여 동으로 구성되어 있다.

59 김희경, 「한국 영화 '세트를 진짜처럼' 추세」, 『동아일보』, 1999.04.26.

60 김대중(2016), 『임권택 영화』, 커뮤니케이션북스, 83면.

61 허문영, 「〈춘향뎐〉과 임권택(3) - 정일성 촬영감독 인터뷰」, 『씨네21』, 2000. 02.01.

62 영화 「춘향뎐」은 조상현 창본의 「춘향가」이다. 조상현 창본은 김세종제류 판소리 「춘향가」로 그 이야기 구성은 '초입—적성가—춘향 그네 뛰는데—방자 춘향 부르러 가는데—천자 뒤풀이—춘향집 건너가는데—사랑가—춘향 자탄하는데—이별하는데—신연맞이—군로 사령들 춘향 부르러 가는데—갈까부다—십장가—춘향, 옥에서 장탄 울음 우는데—과거급제—어사또, 춘향집 당도하는데—옥으로 춘향 찾아가는데—사또 생일잔치 차리는데—어사출도—대미'로 구성된다.

63 '적성가'는 판소리 「춘향가」의 한 대목이다. 이몽룡이 광한루에 구경 왔다가 사면의 경치를 보면서 사나이의 부푼 마음과 뜻을 한가하게 노래하는 대목이다. 이몽룡이 멀리 보이는 적성산에 안개가 드리운 광경을 "적성의 아침 날은 늦은 안개 띠어 있고"라고 읊으면서 '적성가'라는 제목이 붙여졌다.

64 사진 속 시문은 학포 박상준이 광한루를 차운한 것인데, '풍류승지우명루風流勝地又名樓/원객만등탄백두遠客晚登嘆白頭/춘초무화향부동春草無花香不動/고성잔초갱증수古城殘草更增愁'로, 그 뜻은 '풍류가 뛰어난 땅에 또한 이름난 누각이라 멀리서 객이 만년에 올라보니 백발이 한스

럽다. 봄에 풀은 피었는데 꽃은 없으니 향기가 없네. 옛 성에 흩어진 풀이 다시 수심을 더하는구나'로 해석할 수 있다.

65 한옥공간연구회(2004), 『한옥의 공간문화』, 교문사, 248~252면 참조.

66 어떤 일이 매우 바쁘게 벌어지는 대목에서 사용하는 판소리 장단.

67 광한루의 월랑 입구에는 기단 위에 한 단의 디딤돌을 두어 이를 딛고 월랑으로 올라서게 되어 있다. 그리고 첫째 칸 끝부분에 두 단의 목조 계단을 설치하여 둘째 칸으로 오르게 해놓았고, 둘째 칸에는 계단이 없이 수평으로 처리했으며, 셋째 칸에는 끝부분에 세 단의 목조 계단을 설치하여 이를 통해 본루로 올라서게 해놓았다. 계단을 순차적으로 한 단씩 늘려 설치하면서 계단참은 이에 비례하여 길게 만들어 진입부에서의 긴장감과 앞으로 전개될 공간에 대한 상승되는 기대감을 유지시키는 효과를 거두고 있는 점을 눈여겨 보아둘 만하다. 문화재청(2000), 『광한루 실측조사보고서』, 102면.

68 호남검무는 한삼춤—선 손춤—앉은 손춤—앉은 칼춤—선 칼춤—연풍대—제행이무로 구성한다.

69 각 지역 교방검무의 무복(舞服)은 의궤에 나타난 궁중검무의 복식인 치마·저고리·쾌자·전대·전립을 착용한다. 하지만 색상은 각 지역의 특색을 담아 다채롭게 나타난다. 의궤에 나타나지 않는 한삼은 한삼춤이 존재하는 남부 지역의 검무(진주검무 · 통영검무 · 호남검무)에서 사용된다.

70 한량무의 춤 내용은 한량과 별감(別監)이 기생을 데리고 즐겁게 노는 자리에 승려가 나타나 이를 보고 기생에게 혹하여 멋진 춤으로 기생의 환심을 사니, 기생이 마침내 한량과 별감을 배반하고 승려에게로 가는 남녀의 관계를 그린 춤이다.

71 서미진(2014), 「임권택 영화 〈춘향뎐〉의 서술(Narration) 양상 연구」, 『한국 문학이론과 비평』 63, 305~351면 참조.

72 임권택 감독은 김세종제류 춘향가를 따르고 있는 조상현 명창의 「춘향가」를 기반으로 영화 「춘향뎐」을 구성했다. 김세종제류 「춘향가」에서 춘향의 집은 "송정죽림 두 사이로 은근히 보이난 것이 저것이 춘향의 집이로소이다"로 묘사되어 있다.

73 허문영, 「〈춘향뎐〉과 임권택(1)–제작기」, 『씨네21』, 2000.02.01.

74 일자형(一) 홑집은 채광과 통풍이 좋기 때문에 한서의 차가 큰 한반도 기후에 적당하여 우리나라 전역에서 볼 수 있는 전형적인 서민 주택 유형이다. 특히 산악이 적고 평야가 많은 호남 지역의 경우 인구가 조밀하고 산림자원이 적기 때문에 규모가 작은 홑집이 많았다. 한옥공간연구회

(2004), 『한옥의 공간문화』, 교문사, 73~74면 참조.

75 가난한 살림을 하던 사람이 집을 짓게 되면, 처음에는 겨우 살림집으로 안채를 마련하는 일이 보통이었다. 이것이 일(一)자형의 단순한 평면 구성의 집이다. 그러나 살림 형편이 어느 정도 여유 있게 되면 부족한 공간을 보완하기 위해 집을 덧붙여간다. 위의 책 74면 참조.

76 한옥공간연구회(2004), 『한옥의 공간문화』, 교문사, 67면 참조.

77 난간은 높은 누마루, 툇마루, 계단, 회랑의 가장자리를 막아주기 위해 덧댄 구조물이다. 난간은 위험을 방지해줄 뿐만 아니라 다양한 살과 형태로 건물의 입면을 장식한다. 누마루에 두른 난간을 누란(樓欄)이라고 하며, 기둥 바깥쪽 툇마루에 두른 것은 헌함(軒檻)이라고 한다.

78 허문영, 「〈춘향뎐〉과 임권택(4) – 임권택vs김명곤 대담」, 『씨네 21』, 2000.02.01.

79 허문영, 위의 글.

80 '한국영화사료관' 사이트: https://www.kmdb.or.kr/db/main?menuIndex

81 「춘향뎐」 유튜브 사이트: https://www.youtube.com/watch?v=PvG8y3bNmgg

| 참고문헌 |

임권택 「춘향뎐」(2000)

강성률(2010), 「임권택의 '판소리 3부작' 연구—판소리의 영상화에 대해서」, 『한민족문화연구』 32, 101~126면.

강준수(2015), 「『춘향전』에 나타난 대중성 연구」, 『글로컬창의문화연구』 4(2), 91~106면.

김경현, 데이비드 E. 제임스 외, 김희진 옮김(2005), 『임권택, 민족영화 만들기』, 한울.

김기형(2003), 「춘향제의 성립과 축제적 성격의 변모과정」, 『민속학연구』 13, 5~39면.

김병철(2004), 「문화산업/민족영화로서의 한국형 블록버스터」, 『영상예술연구』 5, 119~156면.

김소연(2013), 「1980년대 영화운동 담론에 나타난 세계영화사와의 전이적 관계 연구」, 『현대영화연구』 9(1), 145~179면.

______(2007), 「코리안 뉴웨이브 영화의 이행기적 성찰성 연구」, 한국영화학회 학술발표대회 논문집, 4~8면.

김영진, 「'임권택'—임권택이 말하는 '임권택 영화'」, 『영화천국』 Vol. 14, https://www.kmdb.or.kr/story/132/3041, 2010.07.08.

김영진, 「'한국 영화 10년'—한국 영화, 충무로를 넘어 칸으로 가다」, 『영화천국』 Vol. 11, https://www.kmdb.or.kr/story/129/2810, 2010.01.08.

김외곤(2013), 「판소리의 영화화 과정에 나타난 문제점—임권택의 〈춘향뎐〉을 중심으로」, 『고전문학과 교육』 26, 325~346면.

김정수(2008), 「문화생산의 글로벌화에 따른 새로운 문화정책 패러다임의 모색」, 『한국행정학보』 42(1), 27~48면.

김현희(2015), 「한류 드라마로 이어진 고전 캐릭터—드라마 〈별에서 온 그대〉와 판소리계 소설 『춘향전』을 중심으로」, 『스토리앤이미지텔링』 9, 41~71면.

문화재청(2000), 『광한루 실측조사보고서』.

민신기(2019), 「행위소 모델을 기저로 〈춘향뎐〉과 스핀오프된 방자전의 캐릭터 비교 연구」, 『커뮤니케이션 디자인학연구』 67, 520~529면.

박우성(2016), 「판소리 사설에서 영화로의 매체변용 양상 연구: 〈춘향뎐〉(임권택, 2000)의 '방자-시퀀스' 분석」, 『한민족문화연구』 54, 393~424면.

박유희(2017), 「임권택 영화는 어떻게 정전(正典)이 되었나?」, 『한국극예술연구』 58, 43~88면.

박현선(2004), 「대중문화의 전통문화 수용과 그 의미—임권택의 영화 〈춘향뎐〉과 〈서편제〉를 중심으로」, 『인문학 연구』 34, 77~94면.

서미진(2014), 「임권택 영화 〈춘향뎐〉의 서술(Narration) 양상 연구」, 『한국문학이론과 비평』 63, 305~351면.

서보영(2015), 「소설과 영화의 상호 텍스트성을 통한 한국문화 교육 연구—완판 84장본 〈열녀춘향수절가〉와 임권택의 〈춘향뎐〉을 중심으로」, 『국어교육』 148, 451~484면.

______(2017), 「영화 〈춘향전〉의 『춘향전』 수용 양상과 이본으로서의

특징—임권택의 〈춘향뎐〉을 중심으로」, 『문학치료연구』 45, 79~106면.

손대환(2017), 「'춘향전' 소설과 영화의 주요 극적 사건비교 고찰: 동야문고 〈춘향전〉과 영화 〈춘향뎐〉을 중심으로」, 『한국엔터테인먼트산업학회논문지』 11(4), 25~36면.

신양섭(2018), 「〈춘향뎐〉의 판소리 영상 미학에 대한 뮤지컬 영화적 관점에서의 고찰」. 『씨네포럼』 30, 179~213면.

신원선(2012), 「'춘향전'의 문화콘텐츠화 연구—2000년 이후 영상화 양상을 중심으로」, 『석당논총』 52, 221~254면.

은지연(2002), 「영화 〈춘향전〉의 복식 분석」, 이화여자대학교 석사학위논문.

이수진(2011), 「표현 형식의 조화를 통한 판소리의 시각화: 임권택 영화 〈춘향뎐〉의 미학적 고찰」, 『기호학 연구』 29, 299~323면.

이지연(2006), 「내셔널 시네마의 유통과 '작가' 감독의 브랜드화에 대한 비판적 성찰」, 『영화연구』 30, 250~288면.

이채은, 「〈춘향전〉 '십장가' 대목의 담화 방식과 그 의미: 완판 84장본 '열녀춘향수절가'를 중심으로」, 『한국고전연구』 49, 141~172면.

정성일 대담, 이지은 자료 정리(2003), 『임권택이 임권택을 말하다 2』, 현문서가.

정성일(2001), 「〈와호장룡〉과 〈춘향뎐〉과 오리엔탈리즘」, 『월간 말』, 200~203면.

조해진(2009), 「문화융합의 관점으로 본 임권택 감독의 〈춘향뎐〉 연구」, 『문화예술콘텐츠』 3, 139~173면.

주민재(2018), 「'한'이라는 기표와 '아시아적 욕망'이라는 기의의 공모관계—〈서편제〉와 〈취화선〉에 존재하는 '아시아적 욕망' 분석을 중심으로」,『한국문예비평연구』59, 431~454면.
주유신(2012),「특집논문: 민족영화 담론, 그 의미와 이슈들」,『현대영화연구』14권, 197~221면.
차경남(2013),「임권택 감독 영화에 표출된 호남문화와 사상 연구」, 동신대학교 대학원 석사학위논문.
차봉준, 최인훈(2010),「〈춘향뎐〉의 패러디 담론과 역사 인식」,『한국문학논총』56, 451~479면.
최지영(2014),「외국인을 위한 한국 문화 교육 방안」,『언어학 연구』31, 285~303면.
한옥공간연구회(2004),『한옥의 공간문화』, 교문사.
황혜진(2004),「드라마 〈춘향전〉과 영화 〈춘향뎐〉의 비교연구—재현 대상과 재현 방식을 중심으로」,『선청어문』32, 185~232면.
Ahn, SooJeong, *The Pusan International Film Festival, South Korean Cinema and Globalization*, Hong Kong University Press, 2012.
Choi, Jinhee, "Chunhyang, chunhyang, chunhyang: Poetics of Im Kwan-Taek's Chunhyang", *Asian Cinema*, 13(1), March 2002, pp. 57-66.
Chung, Hye Seung & David Scott Diffrient, *Movie Migration: Transnational Genre Flows and South Korean Cinema*, Rutgers University Press, 2015.
Gateward, Frances (Ed.), *Seoul Searching: Culture and Identity in Contemporary Korean Cinema*, State University of New York Press, 2007.
Joe, Jeongwon, "Korean Opera-Film Chunhyang and the Trans-

Cultural Politics of the Voice", *Musicology*, 5, 2005, pp. 181-193.

Paquet, Darcy, *New Korean Cinema: Breaking the Waves*, Wallflower, 2009.

Wilson, Rob(2001), "Korean cinema on the road to globalization: tracking global/local dynamics, or why Im Kwon-Taek is not Ang Lee", *Inter-Asia Cultural Studies*, 2(2), pp. 307-318.

Yecies, Brian & Aegyung Shim, *The Changing Face of Korean Cinema*, Routledge.

Yi, Hyangsoon(2010), "Kazoku Cinema, Chunhyang and Postmodern Korean Cinema", *Journal of Global Initiatives*, 5(2), pp. 98-114.

신문

김희경, 「한국 영화 '세트를 진짜처럼' 추세」, 『동아일보』, 1999.04.26.

「'춘향뎐' 미서 대인기」, 『연합뉴스』, 2001.01.22.

'거장 임권택이 거장 봉준호에게: 임권택 감독 인터뷰', 'DC 아웃사이드', 2020.02.17.

허문영, 「〈춘향뎐〉과 임권택(1) – 제작기」, 『씨네21』, http://www.cine21.com/news/view/?mag_id=32354, 2000.02.01.

______, 「〈춘향뎐〉과 임권택(3) – 정일성 촬영감독 인터뷰」, 『씨네21』, http://www.cine21.com/news/view/?mag_id=32357, 2000.02.01.

______, 「〈춘향뎐〉과 임권택(4) – 임권택vs김명곤 대담」, 『씨네21』, 2000.02.01.

해당 링크: http://www.cine21.com/news/view/?mag_id=32358

신상옥 「성춘향」(1961)과 홍성기 「춘향전」(1961)

강성률(2012), 「1950년대 후반 한국 영화 속 도시의 문화적 풍경과 젠더」, 『도시연구』 7, 145~170면.
구민아(2019), 「아스팍 영화제와 한국의 냉전 세계주의」, 『아시아문화연구』 49, 5~37면.
권순긍(2007), 「고전소설의 영화화—1960년대 이후 '춘향전' 영화를 중심으로」, 『고소설연구』 23집, 2177~205면.
______(2016), 「초창기 한국영화사에서 고소설의 영화화 양상과 근거」, 『고소설연구』 4집, 333~375면.
______(2019), 「〈춘향전〉의 근대적 변개와 정치의식」, 『민족문화연구』 제83호, 481~516면.
김동호 외(2005), 『한국영화정책사』, 나남출판.
김려실(2018), 『문화냉전』, 현실문화.
______(2010), 「1950년대 한국 영화에 나타난 '미국적 가치'에 대한 양가성」, 『현대문학의 연구』 42, 509~533면.
김미현(2015), 「한국 반공영화 서사narrative의 기원에 대한 연구」, 『영화연구』, 63, 71~98면.
김민주(2011), 「조선 시대 관아 누정 특성에 관한 연구」, 석사학위논문.
김석배(2010), 「〈춘향전〉의 형성 배경과 남원」, 『국어교육연구』 47호.
김재국(2000), 「〈춘향전〉의 현재적 변용 양상에 대한 연구」, 『현대소설연구』 13호.

김호영, 「신상옥의 사극 영화 연구」(2003), 『한국학』 26(4), 79~110면.

노지승(2006), 「남북한 '춘향전' 영화를 통해 본 〈춘향전〉의 국민문학적 의미」, 『국문학연구』 제34호, 115~146면.

박유희(2011), 「스펙터클과 독재」, 『영화연구』 49, 93~127면.

백현미(2016), 「민족 전통과 국민극으로의 호명」, 『한국극예술연구』 52, 53~91면.

설성경(1994), 『춘향전의 통시적 연구』, 서광학술자료사.

신경남(2017), 『조선 후기 애정소설의 생활사적 연구』, 박사학위논문.

안승범(2016), 「신상옥 연출 남북한 「춘향전」 원작 영화 속 몽룡」, 『비교문화연구』 42집.

안인희(2004), 「조선 후기 춘향전과 영화 〈춘향전〉 복식의 시대성과 유행성 비교」, 『한국복식학회』 54호.

오창수(2020), 「사랑의 공간과 대화」, 『춘향전, 역사학자의 토론과 해석』, 193면.

위경혜(2008), 「한국전쟁 이후 1960년대 비도시 지역 순회 영화 상영—국민국가 형성과 영화 산업의 발전」, 『지방사와 지방문화』 11호.

유목화(2012), 「춘향의 이미지 생산과 문화적 정립」, 『실천민속학연구』 19, 5~33면.

윤룡규, 「민족 고전을 영화화하고」, 『조선영화』, 1959. 3, 14면.

은지연(2002), 「영화 〈춘향전〉의 복식 분석」, 이화여자대학교, 석사학위논문.

이명자(2006), 「'남북 영화 대 영화' 「춘향뎐」 2000과 1980년 「춘향전」—사랑에 대한 해석 차이 뚜렷, 그렇지만 정서적 바탕은 하나」,

『민족』21.
이상우(2010), 「남북한 분단체제와 신상옥의 영화」, 『어문학』 110, 273~303면.
이영일(2004), 『한국영화전사』, 소도.
이윤경(2004), 「고전의 영화적 재해석—고전의 영화화 양상과 그에 대한 국문학적 대응」, 『돈암어문학』 17, 101~127면.
장석용(2006), 「영화감독 신상옥—선목(仙木)이 되어 타계한 한국현대 영화계의 주춧돌」, 『공연과 리뷰』 53, 196~205면.
장우진(2006), 「1960년대 남북한 정권의 정통성과 영화」, 『영화연구』 30, 289~322면.
장파(張法) · 유중하 외 옮김(1999), 『동양과 서양, 그리고 미학』, 푸른숲, 509면
전영선(2000), 「'춘향전'에 대한 북한의 인식과 접근태도」, 『민족학연구』 4, 146~147면.
전평국(2001), 「한국영화에 대한 국제적 평가와 예술영화에 대한 재고찰」, 『영화연구』 17, 265~303면.
전평국(2003), 「한국영화의 전통과 근대성의 횡단에 대한 탐사」, 『영화연구』 22, 239~267면.
정영권(2018), 「시국, 모랄, 그리고 419 전야」, 『한국학연구』 51, 535~567면.
정준재(1957), 「쏘련 영화가 우리 영화에 준 영향」, 『조선예술』, 8면.
최영희(2007), 「1960년대 '춘향' 연구-홍성기의 「춘향전」, 신상옥의 「성춘향」, 김수용의 〈춘향〉을 중심으로」, 『판소리 연구』 제24집, 329~360면.
최영희(2007), 「1960년대 '춘향' 영화 연구」, 『판소리 연구』 제24집.

한국영상자료원 편(2005),『신문기사로 본 한국영화 1958~1961』, 공간과 사람들.

한상언,「칼라 영화의 제작과 남북한의 〈춘향전〉」,『구보학보』 22집, 571~599면.

한옥공간연구회(2004),『한옥의 공간문화』, 교문사.

함대훈(2012),『남원 광한루』, 온이퍼브.

호현찬(2000),『한국영화 100년』, 문학사상사.

홍성욱 옮김(2004),『춘향전』, 민음사.

신문

「'멕시코'서 希望(희망) 國産映畵(국산영화)의 輸入(수입)」,『조선일보』, 1963.10.16.

「〈成春香(성춘향)〉으로 決定(결정)—시드니 映畵祭出品作(영화제출품작)」,『조선일보』, 1962.04.01.

「'아시아'에서의 韓國映畵(한국영화)—아시아映畵祭國際審査委員吳泳鎭(영화제국제심사위원 오영진) 씨 歸國報告(귀국보고)」,『조선일보』, 1961.03.15.

「〈成春香(성춘향)〉 日本(일본)서 上映(상영)—5월 13일부터 大映系劇場(대영계극장서)」,『조선일보』, 1962.04.18.

「九二年度優秀國産映畵選定(구이연도우수국산영화선정)」,『조선일보』, 1960.08.31.

「國産映畵(국산영화) 모두가 原作物(원작물)」,『조선일보』, 1960.01.27.

「大學三十六名(대거삼십육명)을 派遣(파견) 第七回(제칠회) 아시아映畵祭(영화제)에 文化映畵(문화영화)도 出品(출품)—'陸士(육사)'와

‘體育大會(체육대회)’ 등 韓國文化紹介(한국문화소개)에 期待(기대)」, 『조선일보』, 1960.03.23.
「새로 創建(창건)한 春香祠(춘향사)」, 『조선일보』, 1931.05.28.
「생선전 즐기는 美國(미국) 할아버지, 社會(사회)서 먹을 공부를 시켜야—C· 핸더쇼트 ‘유솜’ 教育局長(교육국장)」, 『조선일보』, 1961.02.19.
「少年期(소년기)에 들어선 國產映畵(국산영화) 메카니즘도 큰 發展(발전)」, 『동아일보』, 1960.08.03.
「亞細亞映畵祭(아세아영화제) 出品作五篇(출품작오편) 그 審査經緯(심사경위)」, 『조선일보』, 1961.02.09.
「亞細亞映畵祭出品作決定(아세아영화제출품작결정)—〈성춘향〉 등 오편」, 『조선일보』, 1961.02.08.
「年末(연말)까지는 百篇超過(백편초과)? 우리 映畵界(영화계)…製作面(제작면)만은 活氣(활기)」, 『조선일보』, 1959.07.02.
「映画祭(영화제)서 즐겁고 유쾌한 대표들 〈성춘향〉 인기에 기쁜 표정」, 『동아일보』, 1962.05.16.
「藝術(예술)과 企業(기업)의 對決(대결)—‘매니큐어’ 반짝이는 두 篇(편)의 春香傳(춘향전)」, 『조선일보』, 1961.01.30.
「芸苑(예원) GO.STOP—申相玉(신상옥)」, 『조선일보』, 1960.09.10.
「波紋(파문) 던진 伯林映畵祭出品作選定(백림영화제출품작선정)」, 『조선일보』, 1961.04.23.
「豊盛(풍성)했던 映畵製作(영화제작)—100篇(편)을 넘었으나 優秀作(우수작)은 稀貴(희귀) 質的(질적)인 向上(향상)을 위한 陣痛(진통)」, 『조선일보』, 1959.12.26.
「프랑스 演劇祭(연극제)—〈春香傳(춘향전)〉이 巴里(파리)의 ‘사라밸날’

舞臺(무대)에 올랐다」, 『동아일보』, 1960.06.06.
「韓國(한국) 映畵界(영화계)에 一大轉機(일대전기)를 마련―〈誤發彈(오발탄)〉과 〈成春香(성춘향)〉이 提起(제기)한 것」, 『조선일보』, 1961.04.28.
「合作映畵製作(합작영화제작)키로―일본 六(육)대 도시에서 상영될 한국영화 〈成春香(성춘향)〉의 반향이 좋을 것」, 『동아일보』, 1962.05.12.
「合作映畵協議次(합작영화협의차)―申相玉氏(신상옥씨) 日本(일본) 및 東南亞巡訪(동남아순방)」, 『조선일보』, 1962.06.24.
「香港映畵(향항영화) 두 篇(편) 申(신)필름서 輸入(수입)」, 『조선일보』, 1962.12.26.
「昏迷(혼미)에 빠진 映畵界(영화계)―騷動(소동)은 꼬리를 물고 製協(제협)은 갈수록 無能(무능)만 露呈(노정)」, 『조선일보』, 1960.09.03.
「申相玉(신상옥) 푸로덕슌 創立十周年記念作(창립십주년기념작)!」, 『조선일보』, 1960.04.22.
「신형준, '춘향의 모든 것' 자료 300여 점 전시」, 『조선일보』, 1998.06.10.
「李淸基(이청기), '病(병)든 씨나리오의 領域(영역)'」, 『조선일보』, 1955.02.09.

영화 춘향전과 한옥

1판 1쇄 발행 2020년 11월 23일

지은이 · 김민옥 조관연
펴낸이 · 주연선

총괄이사 · 이진희
책임편집 · 허단
표지 및 본문 디자인 · 이다은
마케팅 · 장병수 김진겸 이선행 강원모
관리 · 김두만 유효정 박초희

(주)은행나무
04035 서울특별시 마포구 양화로11길 54
전화 · 02)3143-0651~3 | 팩스 · 02)3143-0654
신고번호 · 제1997-000168호(1997. 12. 12)
www.ehbook.co.kr
ehbook@ehbook.co.kr

잘못된 책은 바꿔드립니다.

ISBN 979-11-91071-20-7 (93590)